A HISTÓRIA DA
ASTROLOGIA
PARA QUEM TEM PRESSA

WALDEMAR FALCÃO

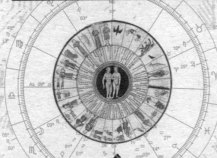

A HISTÓRIA DA
ASTROLOGIA
PARA QUEM TEM PRESSA

valentina

Rio de Janeiro, 2019

1ª edição

Copyright © 2019 *by* Waldemar Falcão Neto

CAPA
Sérgio Campante

FOTO DO AUTOR
Milton Montenegro

DIAGRAMAÇÃO
Kátia Regina Silva | editorîarte

Impresso no Brasil
Printed in Brazil
2019

CIP-BRASIL. CATALOGAÇÃO NA PUBLICAÇÃO
SINDICATO NACIONAL DOS EDITORES DE LIVROS, RJ
LEANDRA FELIX DA CRUZ – BIBLIOTECÁRIA CRB-7/6135

F165h

Falcão, Waldemar
    A história da astrologia para quem tem pressa / Waldemar Falcão –
1. ed. – Rio de Janeiro: Valentina, 2019.
    200p. il. ; 21 cm.

    ISBN 978-85-5889-086-1

    1. Astrologia. 2. Astrologia – História. I. Título.

19-56325
                                                        CDD: 133.5
                                                        CDU: 133.52

Todos os livros da Editora Valentina estão em conformidade com
o novo Acordo Ortográfico da Língua Portuguesa.

Todos os direitos desta edição reservados à

EDITORA VALENTINA
Rua Santa Clara 50/1107 – Copacabana
Rio de Janeiro – 22041-012
Tel/Fax: (21) 3208-8777
www.editoravalentina.com.br

DEDICATÓRIA

Com todo o meu amor, para:

O espírito de Célia do Carmo, minha luz, minha mestra, minha mãe, minha irmã, minha amiga.

O espírito de meu pai, Paulo Waldemar Ribeiro Falcão, generosa figura, sensível e inspirado poeta e meu primeiro professor de língua portuguesa.

O espírito de minha mãe, Nélia Campello Falcão, mãe leoa, grande incentivadora e apoiadora de todas as minhas aventuras.

Marcelo, Paulinho, Cacau e Roni, meus irmãos, amigos e parceiros de todas as horas.

Mônica Morel, mãe de meus filhos e a melhor ex-mulher do mundo.

Monica Athayde Lopes, minha companheira de vida e de estrada.

Gabriel, Thomaz e Viviane, meus filhos, meus faróis do futuro, minhas ilhas na Eternidade.

Nina Raquel, minha filha do coração.

Taïná, minha neta recém-chegada, cujo nome significa "Céu Estrelado" ou "Estrela da Manhã" em tupi-guarani.

Em memória de Dane Rudhyar e Emma Costet de Mascheville. Embora não os tenha conhecido pessoalmente, considero-os meus pais astrológicos.

Em memória de Cely de Menezes Bomfim e de seu mentor espiritual, o Caboclo Tupinambá, grandes apreciadores e incentivadores da astrologia.

Para Maria Eugênia de Castro e Antonio Carlos "Bola" Harres, meus padrinhos astrológicos.

AGRADECIMENTOS

A meus colegas de ofício, os brilhantes astrólogos Alexey
Dodsworth, Carlos Hollanda e Fernando Fernandse,
por suas valiosas e iluminadas sugestões, sem as quais este
livro não teria alcançado seu objetivo.
Um obrigado carinhoso para Luiza Chamma,
pelo auxílio luxuoso.

SUMÁRIO

APRESENTAÇÃO

Na noite dos tempos, quando a humanidade ainda aprendia a usar o espaço de sua casa, a Terra, a abóbada do céu devia ser ao mesmo tempo um manto de proteção e um mistério profundo. Sol e Lua se erguiam e se punham em diferentes pontos do horizonte. Estrelas dançavam aparentemente ao léu — algumas, pura prata, outras vermelhas, douradas, azuis. Havia um mar de luzes, e depois escuridão. Noite após noite, nossos antepassados tentavam ler essa abóbada, esse grande salão de baile, essa dança perpétua de luzes. Com o tempo, começamos a entender a imensa narrativa dessa ópera sideral: tudo se movia, se abraçava, se encontrava e desencontrava. Víamos desenhos no céu da noite — animais, seres, imagens. Nossa jornada estava sendo contada pelo espelho do céu, o abaixo replicando o acima, e o acima replicando o abaixo. No momento em que começamos a tomar a medida do pulsar entre caos e ordem, entre acaso e planos, entre certeza e incerteza, o céu passou a sussurrar no nosso ouvido — havia uma grande música, sim, e uma grande dança, e nós éramos tanto parte dela quanto as estrelas, os planetas, o Sol e a Lua.

Waldemar Falcão vive entre os astros e a música, e compreende profundamente o significado dessa dança cósmica. De Zoroastro, fazendo do seu minarete sua ponte para o infinito, aos aplicativos digitais que calculam o ritmo da dança, há uma vasta sabedoria que condensa e compartilha, tornando simples e acessível o conhecimento acumulado por gerações de estudiosos. Como nossos primeiros antepassados, mergulha no oceano de espelhamentos e ramificações entre o que está acima e o que está abaixo, e traz de volta suas pérolas de conhecimento, de um modo direto e claro.

Conhecer o ritmo desta valsa — dos astros, de nossas vidas — muda nossa perspectiva: ficamos ao mesmo tempo maiores e menores, mais claramente situados na rede infinita da vida, e mais conscientes de nosso papel nesta história tão antiga quanto as estrelas.

Ana Maria Bahiana
Los Angeles, 27 de abril de 2019, Sol em Touro,
Lua Sextil Mercúrio e Trígono Marte

INTRODUÇÃO

A história das origens da astrologia se perde na noite dos tempos imemoriais do planeta Terra. Há quem alegue que já existia e era utilizada no dia a dia das civilizações míticas da Lemúria e da Atlântida, há milhares e milhares de anos. O certo é que tudo começou a partir do momento em que o ser humano deixou de ser nômade e passou a se estabelecer em territórios, construindo moradias e cultivando alimentos de forma sistemática. A partir de necessidades bem básicas, como o momento certo de plantar e colher, os povos perceberam que havia ordem e repetição de alguns padrões de trajetos no céu. Com o passar do tempo e das observações ao longo dos anos, traçaram mapas e previram acontecimentos, como eclipses, passagens de cometas, e entenderam as fases da Lua.

A astrologia é uma ferramenta, dizem uns; é uma linguagem, dizem outros. Ela é tudo isso e muito mais. Por essa razão, pode ser vestida e adjetivada de várias formas: hoje em dia, vemos profissionais especializados em astrologia esotérica, astrologia cármica, astrologia empresarial, astrologia vocacional, astrologia psicológica etc. Por isso é desafiadora e estimulante a possibilidade de explicar os fundamentos desta arte-ciência tão antiga e tão atual ao mesmo tempo.

Existem astrólogos que acreditam na reencarnação, assim como astrólogos que não aceitam esta possibilidade. A astrologia serve a ambos, igualmente, sem distinguir linhas filosóficas, religiosas ou ideológicas. Existem astrólogos que não concordam com a utilização dos planetas ditos "modernos" (Urano, Netuno e Plutão) e trabalham apenas com os sete planetas tradicionais (Sol e Lua, neste caso, são considerados planetas. Ver Capítulo 3), que são aqueles visíveis a olho nu, ou seja, até Saturno. É sempre bom lembrar que esses planetas "modernos" são relativamente recentes na história da astronomia e da astrologia: Urano foi avistado no século 18, Netuno no século 19 e Plutão no século 20. Os grandes estudiosos do céu, no passado, contavam apenas com os sete planetas tradicionais, e deixaram trabalhos que até hoje iluminam e enriquecem as mentes dos astrólogos.

Na virada do século 21, tivemos a polêmica do "rebaixamento" de Plutão, realizado pela União Astronômica Internacional, e a descoberta de novos corpos celestes, como Éris, Sedna e Makemake, além da "promoção" de Ceres, que passou de asteroide a planeta-anão, a nova classificação na qual Plutão foi enquadrado. Muito barulho para nada, diria o velho Shakespeare.

Espanto: a astrologia funciona igualmente com planetas modernos ou não... Na Índia, um dos países onde o estudo do céu é algo que faz parte do cotidiano — os grandes hotéis possuem astrólogos de plantão para calcular e interpretar o horóscopo dos seus hóspedes —, o mapa é elaborado de forma totalmente diferente do que se faz no Ocidente, e apenas os planetas tradicionais (até Saturno) são levados em conta. É claro que existem as exceções que confirmam a regra, mas são e serão sempre exceções.

As teorias mais recentes, que tentam explicar e compreender como a astrologia funciona, se dividem em duas correntes: uma delas mais científica e a outra mais psicológica.

A corrente científica teve sua teoria desenvolvida e publicada em livro pelo astrônomo inglês Percy Seymour, que se baseou na existência dos campos gravitacionais e nas linhas de força magnética existentes nos planetas — a magnetosfera —, para defender uma tese que acaba nos remetendo de forma mais científica e atual à teoria da Harmonia das Esferas, de Pitágoras. Seymour propõe que a interação entre a força gravitacional do Sol e os campos de força dos planetas acaba produzindo uma relação de causa e efeito entre ambos, e disso resulta uma espécie de "sinfonia" executada pelos corpos celestes que compõem o nosso Sistema Solar. A correlação e a influência seriam resultantes desta parceria entre a nossa estrela e os planetas que compõem o nosso Sistema Solar. O livro em que defendeu a tese intitula-se *Astrologia: a evidência científica*.

A corrente psicológica não se preocupa em estabelecer relações de causa e efeito entre os planetas e os eventos astrológicos. Baseia-se mais em uma noção consagrada por Carl Gustav Jung — a da sincronicidade. Segundo a teoria, a posição planetária retrataria uma sincronicidade existente entre o simbolismo do evento celeste e o significado deste mesmo evento no mapa astral que estivesse sendo estudado. Portanto, o planeta não desencadearia uma situação a partir de uma abordagem de causa e efeito, e sim retrataria o sincronismo existente entre os dois fenômenos.

Mas a melhor testemunha da eficácia e do funcionamento da astrologia são as estatísticas e os resultados obtidos pelos numerosos profissionais que trabalham com ela em todo o país e pelo mundo afora.

Até o século 17, o ensino da astrologia fazia parte da universidade, e ela era também amplamente utilizada por todos os profissionais da área de saúde na Europa. A posição da Lua, assim como dos demais corpos celestes conhecidos, era levada em alta consideração no tratamento dos doentes, qualquer que fosse a enfermidade. O início da discriminação acadêmica aconteceu no ano de 1666, quando o ministro Colbert, braço direito do rei Luís XIV, ordenou a retirada da disciplina de astrologia dos currículos universitários, sob a alegação de que não possuía "fundamento científico".

Nos dias de hoje, aos poucos, o conhecimento astrológico vem sendo novamente aceito dentro dos círculos acadêmicos, sendo objeto de estudos, teses e cursos de extensão em várias partes do mundo. Vamos citar apenas algumas universidades que abriram suas portas para a astrologia: Universidade de Stanford, nos Estados Unidos; Escola Técnica Superior, de Zurique; Kepler College, de Londres;

e, no Brasil, a Universidade Cândido Mendes, do Rio de Janeiro, e a Universidade de Brasília, que organizam cursos de formação e de extensão sobre a matéria, além de seminários e congressos.

Esse universo do conhecimento astrológico já é tão rico e vasto, que deu origem a uma tese de mestrado em antropologia social, intitulada "O mundo da astrologia", escrita pelo professor Luís Rodolfo Vilhena, prematuramente falecido em um acidente automobilístico há alguns anos, e posteriormente publicada em livro.*

Um outro diferencial em relação à antiga concepção e até mesmo à imagem que se fazia de um astrólogo em tempos passados e o tipo de profissional que se encontra exercendo o ofício neste início de século diz respeito ao nível de formação e preparo que têm os astrólogos contemporâneos. Com raríssimas exceções, são todos formados em alguma disciplina com nível de instrução universitária. Encontramos arquitetos, jornalistas, historiadores, artistas plásticos, engenheiros, enfim, profissionais de todos os ramos, que, depois de estabelecidos em suas respectivas áreas, descobriram a astrologia a partir de um interesse que de início poderia ser mero diletantismo ou hobby, mas que acabou ocupando um espaço maior do que se esperava na vida profissional de cada um.

---

*O mundo da astrologia — estudo antropológico — Luís Rodolfo Vilhena, Editora Zahar, Rio de Janeiro, 1990.

A imagem do astrólogo de turbante, escondido sob um pseudônimo misterioso, já pertence ao século que terminou. Até mesmo as colunas astrológicas dos grandes jornais e revistas, que antigamente eram escritas pelo redator mais criativo que houvesse na casa, hoje em dia são resultado do trabalho de astrólogos de reconhecida capacidade e conhecimento da matéria. E as estatísticas afirmam que a astrologia continua despertando o interesse de todos, independentemente de suas origens sociais e culturais.

CAPÍTULO UM

A ASTRONOMIA E AS ASTROLOGIAS

ASTROLOGIA X ASTRONOMIA

Estes dois conhecimentos nasceram juntos e, portanto, não eram diferenciados na antiguidade. A observação inicial dos ciclos da Lua e a paulatina descoberta da repetição das posições das estrelas ao longo do ano foram as primeiras constatações. A estas seguiram-se a percepção do movimento irregular de algumas destas luzes identificadas no céu e a sua localização em diferentes pontos da faixa zodiacal. Eram os planetas, palavra que na sua origem grega significa "errante". Com isso estabeleceu-se a diferença entre as estrelas e os planetas, e começou a ser traçado um panorama do trajeto dos astros errantes no zodíaco.

Os que tentam dar uma "idade" à astrologia dizem que ela tem mais de 4.000 anos de existência. As origens históricas conhecidas situam-na ao redor da região onde atualmente se encontra o Iraque, a antiga Mesopotâmia e a

Babilônia, onde foram encontrados os primeiros registros das posições planetárias inscritos em tábuas de argila.

Na escrita cuneiforme característica dessa civilização, tais placas já registravam posições astronômicas de estrelas e planetas em sua trajetória celeste, e mostravam padrões de repetição que tornaram possível o cálculo de órbitas planetárias.

No tempo desses impérios, a astrologia era revestida de caráter sacerdotal, e portanto utilizada nos rituais religiosos. Os primeiros observatórios astronômicos também foram encontrados nessa região e revelavam um conhecimento apurado das posições siderais e planetárias. Os chamados zigurates deram origem aos primeiros locais de observação do céu. Eram plataformas de onde partiam várias escadas, construídas em diferentes pontos e com diferentes direções de subida, de onde se podiam observar determinadas posições planetárias e siderais em épocas específicas do ano.

Tudo indica que a astrologia hindu também se sistematizou por volta de 5.000 anos atrás, mas a cultura védica, localizada no Extremo Oriente, manteve-se voltada para si mesma durante muito tempo, constituindo-se um sistema independente e diferente do que é utilizado na astrologia ocidental. Até hoje na Índia não se faz distinção entre o conhecimento astronômico e o astrológico.

Na verdade, não deveria haver razão para qualquer tipo de animosidade entre ambas as disciplinas, já que, pelos sufixos, fica evidente o campo de atuação de cada uma:

a astronomia se ocupa da "nomia", ou seja, das medições dos astros em todas as suas abordagens: massa, órbita, constituição física, distâncias etc., enquanto a astrologia se ocupa da "logia", ou seja, dos significados simbólicos e das correlações estabelecidas a partir das posições dos astros entre si (ângulos planetários) e da sua localização no cinturão zodiacal.

A astrologia dos dias de hoje, na era da informática e da internet, é plena de informações astronômicas e inclui, como pré-requisito, um bom conhecimento básico dessas informações. O astrólogo que não tiver uma informação minimamente suficiente a respeito de determinadas formulações fundamentais da astronomia certamente não poderá se considerar preparado para atuar como profissional da área.

ASTROLOGIA TROPICAL X ASTROLOGIA SIDERAL

Com exceção do sistema praticado na Índia, na China e em algumas escolas sideralistas, a astrologia que conhecemos e que é praticada em todo o mundo é a astrologia *tropical*, mas existe também a abordagem conhecida como astrologia *sideral*. A diferença entre ambas é muito simples: na astrologia tropical, o Sol sempre estará entrando no 1º grau do signo de Áries por volta do dia 20 de março. Este sistema se apoia na faixa dos trópicos para projetar contra o Fundo do Céu os limites do cinturão zodiacal dentro do qual o Sol e os planetas se deslocam. Esta faixa é conhecida como *eclíptica*, e é fixa e permanente.

A astrologia sideral leva em consideração um movimento astronômico conhecido como *precessão dos equinócios*, que provoca um lento deslocamento negativo do chamado *ponto vernal* (o início da primavera no Hemisfério Norte e do outono no Hemisfério Sul), numa razão de 1° a cada 72 anos, como se fosse um pião terminando seu movimento rotatório. Este fenômeno é causado por interações gravitacionais decorrentes dos movimentos do Sol e da Lua em relação à Terra.

Como o eixo vertical da Terra tem uma inclinação de 23° e alguns minutos em relação ao plano da órbita que descreve em torno do Sol, é justamente esta inclinação que faz com que tenhamos diferentes estações do ano nos diferentes hemisférios, assim como, ao longo de milhares de anos, este eixo sofra essa variação chamada precessão dos equinócios.

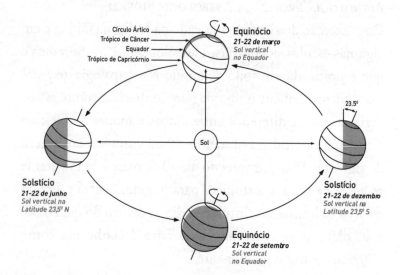

É este mesmo fenômeno que faz com que a estrela para a qual o polo norte celeste da Terra aponta vá mudando ao longo dos séculos. Na atualidade, a Estrela Polar é uma das últimas estrelas componentes da constelação da Ursa Menor. Há 2.800 anos, a *Polaris* era uma estrela da constelação do Dragão. Daqui a 13.300 anos, será a estrela Vega, da constelação de Lira. Isto ocorre porque, com esse lento deslocamento do eixo, o polo norte celeste vai mudando aos poucos a direção para a qual aponta no céu.

O céu setentrional visto da Terra

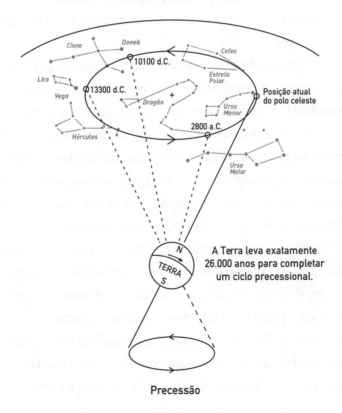

Precessão

Quando a astrologia começou a ser mais estudada e sistematizada há aproximadamente 2.000 anos, havia uma superposição entre a localização tropical e a sideral do zodíaco, que se encontrava no signo — e na constelação — de Áries, no dia 20 de março. Com a lenta movimentação precessional, o que acontece é que atualmente, no dia 20 de março, o Sol se encontra no início do *signo* de Áries, já que o zodíaco tropical é fixo, mas na projeção contra o zodíaco sideral ele está localizado em torno do 7º grau da *constelação* de Peixes. Como o movimento é precessional, esta posição vem recuando gradativamente da constelação de Áries para a constelação anterior, que é a de Peixes.

Na prática, chegamos à conclusão de que a astrologia tropical serve ao propósito de interpretar o horóscopo da personalidade de cada um de nós, enquanto a astrologia sideral poderia propiciar um mergulho mais profundo em direção ao nosso espírito, transcendendo a visão do ego e buscando informações mais ancestrais nossas, mas pouco interessantes para os que estão em busca de conhecer melhor suas características psicológicas pessoais.

Algumas escolas esotéricas, principalmente a teosofia, trabalham com a astrologia sideral, mas não a utilizam para propósitos imediatos, que são mais bem atingidos com a astrologia tropical, mais objetiva e pragmática. Em suma, não se deve utilizar a astrologia sideral para a interpretação das características psicológicas dos consulentes, principalmente porque, devido ao fenômeno da precessão

equinocial, todos terão a posição tropical dos seus planetas recuada em aproximadamente 23°.

Em outras palavras, a maioria das pessoas, com exceção
daquelas em que o Sol se encontra a mais de 23° do seu
signo de nascimento (tropical), terá a surpreendente informação de que o seu signo é, na verdade, o signo anterior.
Um exemplo concreto para facilitar a compreensão do
fenômeno: tendo eu nascido a 30 de agosto, o Sol no meu
mapa de nascimento se encontra em torno de 7° do signo
de Virgem. Se fosse feita a correção do zodíaco tropical
para o sideral, o Sol deste "novo" mapa estaria em torno
de 13° do signo de Leão. Eu deixaria de ser virginiano e
passaria a ser leonino... (Ver mapas sideral e tropical
à pág. 26.)

Nosso querido compositor Carlos Lyra tem feito uma
enorme confusão na cabeça do público porque é adepto da
astrologia sideral e a utiliza da mesma maneira que utili-
zaria a astrologia tropical, ou seja, para descrever as características psicológicas imediatas de cada um, e para isso não
há melhor ferramenta do que a astrologia tropical. Tanto é
que quase ninguém adere ao uso da astrologia sideral para
compreender melhor suas características pessoais e sua
estrutura psicológica. Reforçando: a sideral serve a outros
propósitos mais profundos e muito pouco utilizados na
civilização ocidental.

Os mapas da página seguinte mostram com clareza a
diferença na posição dos corpos celestes no zodíaco tropical
e no zodíaco sideral.

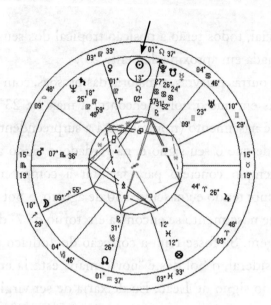

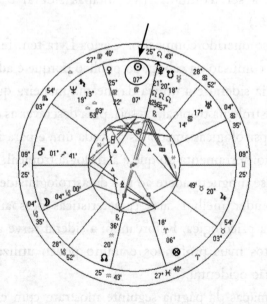

Mapa Sideral (no alto) e Mapa Tropical (acima) do autor

É exatamente esse deslocamento que fundamenta a noção das chamadas "Grandes Eras", ou do "Grande Ano". A já tão celebrada passagem da Era de Peixes para a Era de Aquário está baseada nessa transição; cada era dura aproximadamente 2.160 anos e, por consequência, o "Grande Ano" dura 25.920 anos terrestres (2.160 x 12 = 25.920) e é o tempo em que este "passear" do ponto vernal completa uma volta inteira ao redor do zodíaco. É uma conta fácil de ser entendida: com esse deslocamento de 1° a cada 72 anos, o recuo do alinhamento do Sol em relação às constelações ao longo do tempo se dará na proporção de 2.160 anos para cada um dos 12 signos (72 x 30° = 2.160).

A Era de Peixes teve seu início associado à chegada e à passagem de Jesus Cristo pelo planeta. É interessante perceber que existe uma série de "coincidências" peculiares no simbolismo astrológico associadas ao signo de Peixes naquela época: a grande maioria dos apóstolos recrutados por Jesus eram pescadores, e o símbolo que identificava os primeiros cristãos era um peixe pintado na porta de casa.

Atualmente cruzamos a fronteira entre as eras de Peixes e de Aquário; a melhor maneira de se entender isso é imaginar Peixes como sendo uma curva descendente e Aquário, uma curva ascendente, estando as duas entrelaçadas. Ao contrário do que afirmam alguns, não existe uma data específica para que uma era se encerre e outra se inicie. Assim como na passagem da noite para o dia, não existe um momento exato; na transição das eras, ocorre o mesmo. Estamos cada vez menos em Peixes e cada vez mais em Aquário, mas esse desfecho ainda vai demorar algumas dezenas ou até mesmo centenas de anos. Temos tempo...

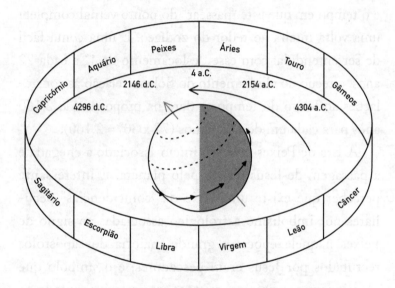

O movimento das grandes eras

CAPÍTULO DOIS

O MAPA NATAL

O termo "horóscopo" tem sido erroneamente empregado nas colunas astrológicas de jornais e revistas populares, pois seu real significado é o estudo da *hora* do nascimento de uma pessoa. O verdadeiro horóscopo é o mapa individual de nascença de cada um, adaptado para a cidade (ou seja, latitude e longitude), a hora e a data do acontecimento. A partir deste diagrama bidimensional do céu no momento do nascimento, é possível traçar um panorama nítido e objetivo das características de um indivíduo e levantar um cronograma dos ciclos planetários pelos quais ele irá passar ao longo da vida.

Quanto maior for o grau de precisão desse horário, mais exato será o estudo a ser feito. O horário correto é fundamental para se calcular com a maior exatidão possível o Ascendente, peça de suma importância na interpretação de um mapa natal. São a localização e a identificação do Ascendente que permitem definir qual dos signos se encontrava no horizonte leste na hora em que a pessoa nasceu, e também definir as casas astrológicas que surgem a partir do momento em que se estabelece o início da Casa 1, onde "começa" o mapa.

OS ELEMENTOS FUNDAMENTAIS

A estrutura fundamental de um horóscopo (mais popularmente conhecido como "mapa astral") se apoia em três pontos básicos: o *signo solar*, que é o único elemento que a pessoa conhece antes de fazer um rigoroso levantamento da sua data de nascimento ("o signo"); o *signo lunar*, que precisa ser calculado com exatidão, pois a Lua se move a uma razão de 13° por dia e, portanto, muda de signo a cada dois dias e meio; e o *signo ascendente*, que é calculado a partir da hora (mais exata possível) do nascimento em questão.

O signo solar é o elemento fundamental de um horóscopo, porque ali estão a identidade do consulente, a noção do seu próprio ego e o centro de gravidade do seu mapa. A grande receptividade das colunas de horóscopo de jornais e revistas está muito mais no sucesso da seção que descreve as características do signo solar de cada um de nós do que na parte das previsões. É ali que nos reconhecemos, que nos identificamos com as particularidades da nossa maneira de ser. É no signo solar que se encontra a nossa identidade astrológica. É o signo no qual temos consciência de nós mesmos. É onde se encontra o centro do nosso "Eu".

O signo lunar é outro elemento importante no levantamento do nosso mapa natal. Ali se localizam a nossa sensibilidade, a nossa capacidade de sentir e absorver os impactos que a vida causa em nós desde o momento em que nascemos. Este signo simboliza o nosso ambiente familiar, a expectativa que temos da nossa figura materna, os nossos vínculos emocionais e o modo como "sentimos" o mundo e a vida. Abrange família, amigos e amores. É o portal de acesso à área mais íntima da nossa vida.

O signo ascendente é a terceira parte do tripé em que se apoia o nosso edifício astrológico. É o signo que está subindo no horizonte leste na hora do nascimento, daí o nome "ascendente". Ele determina a compleição física, a aparência e a imagem primeira que passamos às pessoas que nos são apresentadas. É o veículo por meio do qual atuamos no mundo material. É o horizonte que perseguimos na vida, a forma como agimos no dia a dia.

É por isso que se dá tanta importância ao Ascendente: ele não só fornece uma indicação fundamental a respeito da maneira da pessoa agir no mundo, como também estabelece a relação com todas as casas do mapa, definindo qual signo rege qual casa. Essa definição literalmente constrói o mapa do interessado, delimitando o início e o final de cada casa astrológica.

Emma Costet de Mascheville, uma das pioneiras do estudo e do ensino dos astros no Brasil e mestra de grandes nomes da astrologia nacional, como Antonio Carlos "Bola" Harres, Clovis Peres, Claudia Lisboa e Ricardo

Lindemann, entre muitos outros, tinha um método bastante peculiar de explicar o papel desses três elementos fundamentais do mapa astrológico. Dona Emy, como era carinhosamente chamada, fazia uma analogia com um automóvel e explicava que o signo ascendente era o veículo propriamente dito, com o qual nos deslocávamos pelo mundo; como esse carro não anda sozinho, ela colocava o signo solar, o da identidade, como o motorista, simbolizando a nossa vontade, a nossa consciência. E o porta-malas do automóvel seria o signo lunar, onde a bagagem que fôssemos acumulando ao longo da estrada seria armazenada.

A respeito dessa nossa tríplice constituição astrológica, certa vez um debatedor bastante descrente perguntou a um astrólogo, em um programa de televisão: "Afinal, quantos somos?..." Sem conter o riso, o profissional respondeu que nós seríamos, no mínimo, três: a interação entre os signos solar, lunar e ascendente. Na verdade, tais sutilezas da interpretação astrológica estão também presentes na psicologia pessoal, onde estes "setores" da nossa psique são chamados *subpersonalidades*. E muitas vezes temos mais de três...

Um outro elemento a ser levado em consideração em seguida ao cálculo dos signos solar, lunar e ascendente é a localização dos planetas regentes destes três pontos básicos. A partir do momento em que sabemos em que signos estão localizados o nosso Sol, a nossa Lua e o nosso Ascendente, partimos para localizar os planetas que exercem a regência sobre estes signos. Exemplo: se a pessoa tem o Sol em

Virgem, procura-se localizar a posição do planeta Mercúrio, regente de Virgem; se tem o Ascendente em Sagitário, procura-se localizar a posição do planeta Júpiter, regente de Sagitário; se tem a Lua em Capricórnio, procura-se localizar onde está o planeta Saturno, regente de Capricórnio.

Localizando-se a posição zodiacal e das casas astrológicas desses três pontos, temos mais pistas sobre as nossas subpersonalidades e entendemos que coloração, quais tonalidades possuem essas nossas características fundamentais. A localização zodiacal e espacial dos três planetas regentes dá as sutilezas dessa coloração, dessas tonalidades de que somos compostos.

Os Planetas Pessoais

Em seguida, devemos procurar a localização dos outros planetas do nosso mapa. Depois de encontrados e localizados os planetas regentes, partimos para a localização dos planetas pessoais, para conhecermos o funcionamento de cada área da nossa natureza básica. Os planetas pessoais são, além do Sol e da Lua — os chamados *luminares* —, Mercúrio, Vênus e Marte.

A denominação "pessoais" decorre do fato de que são planetas velozes no cinturão zodiacal devido à proximidade que têm do Sol; portanto, possuem um movimento relativamente rápido, mudando de signo com maior rapidez do que os outros. Exatamente por isso produzem em nós as chamadas características individuais.

Mercúrio e Vênus, por serem planetas de órbitas internas em relação à Terra, estarão sempre próximos do signo onde se encontra o Sol no zodíaco. É comum eles serem encontrados no próprio signo onde se localiza o Sol ou, no máximo, um ou dois signos antes ou depois do signo solar. É geometricamente impossível alguém ter Mercúrio e Vênus formando um ângulo de 90° (a Quadratura) com o Sol.

Marte, o primeiro planeta externo em relação à órbita da Terra, já possui uma independência maior do Sol neste sentido e pode estar localizado em qualquer um dos 12 signos zodiacais.

O ciclo de translação de cada um deles é o seguinte:

★ Mercúrio, o mais próximo do Sol e, portanto, o mais veloz, dá uma volta completa em torno do Sol a cada 88 dias terrestres;
★ Vênus completa seu ano zodiacal a cada 226 dias terrestres;
★ Marte completa seu ano zodiacal a cada 23 meses, aproximadamente.

Portanto, em combinação com o Sol e a Lua — os luminares —, este grupo de planetas mais velozes irá definir o nosso modo de funcionamento individual.

Os Planetas Lentos

O próximo passo é a localização de Júpiter e Saturno, que têm um papel intermediário nesta classificação dos planetas pessoais e dos ditos "transpessoais".

Júpiter percorre um signo por ano aproximadamente, e com isso demora 12 anos para completar uma volta no zodíaco.

Saturno fica aproximadamente dois anos e meio em cada signo, e com isso completa um movimento de translação a cada 29 anos.

Em função da duração destes ciclos, eles não se encaixam na classificação de planetas pessoais e tampouco são considerados planetas transpessoais, qualidade atribuída, a princípio, apenas a Urano, Netuno e Plutão. Ocupam uma faixa intermediária onde atuam como pessoais e ao mesmo tempo como transpessoais. Em outras palavras, eles fazem a ligação entre os planetas pessoais e os transpessoais. Com isso, acabam exercendo as duas funções.

Em seguida, localizamos os planetas transpessoais, que o escritor e astrólogo Dane Rudhyar chamava de "embaixadores da galáxia". A permanência deles em cada signo do zodíaco é muito maior do que a dos planetas pessoais, e bastante mais extensa do que a permanência de Júpiter e Saturno.

Vamos conhecer o ritmo de cada um deles em suas passagens pelo zodíaco:

★ Urano demora em média 7 anos para percorrer cada signo, e com isso completa uma volta no zodíaco a cada 84 anos.

★ Netuno costuma demorar 14 anos percorrendo cada signo, e perfaz seu movimento de translação a cada 165 anos aproximadamente.

★ Plutão, como possui uma órbita muito extensa e alongada, tem um movimento mais irregular na sua passagem pelos signos: em alguns demora 15 anos para passar; em outros, quando está na fase mais "lenta", chega a demorar 30 anos; de qualquer forma, seu movimento de translação totaliza 248 anos.

Os "embaixadores da galáxia" são também chamados *planetas geracionais* porque, devido ao seu movimento lento pelos signos, acabam por imprimir suas características em gerações inteiras. E é justamente isso que faz com que esses corpos celestes caracterizem as diferenças entre as gerações: por mais que um filho possa ter no seu mapa uma repetição das posições dos planetas dos seus pais até Saturno (para tal basta que nasça quando os pais tiverem em torno de 29-30 anos de idade), ele jamais terá os planetas Urano, Netuno e Plutão nos mesmos signos.

Com a localização de todos os planetas — os pessoais, os intermediários e os transpessoais —, temos as indicações das nossas características essenciais para iniciarmos a compreensão do que pode representar o nosso mapa de nascimento.

No próximo capítulo, vamos detalhar o papel de cada um dos componentes desse quadro fascinante e multifacetado que é o horóscopo.

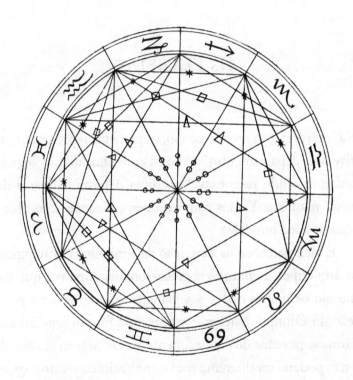

CAPÍTULO
TRÊS

Os Planetas

Na interpretação do horóscopo, os planetas representam os diversos "departamentos" da nossa constituição psicológica, cada um sendo responsável por uma determinada área da nossa natureza. Vamos compreender as funções e as atuações de cada um deles.

É fácil perceber, na descrição da simbologia astrológica, os arquétipos da mitologia greco-romana, uma vez que até mesmo os nomes dados aos planetas se originam no panteão do Olimpo. Estes mitos têm uma função especial em vários segmentos do conhecimento da civilização ocidental, e não poderia ser diferente com o conhecimento astrológico.

Nessa lista, vamos encontrar dois corpos celestes que não são planetas no sentido técnico do termo, mas que por uma questão de facilitação do entendimento serão chamados assim: o Sol e a Lua. Como já explicado, na linguagem mais técnica da astrologia eles são chamados *luminares*. E será por eles que começaremos a explicação.

SOL

Por ser o centro de gravidade do nosso sistema planetário e o responsável pelo seu equilíbrio, o Sol também é o centro de gravidade do mapa astral, da maneira como é interpretado no Ocidente. Representa a identidade, a autoimagem, as características fundamentais de cada indivíduo. O signo no qual ele esteja posicionado vai simbolizar o modo como cada um se identifica, a imagem que reconhece de si mesmo. Na analogia utilizada anteriormente, quando mencionamos o exemplo do automóvel, o Sol é justamente o motorista que o conduz. É a energia vital, a vontade, a luz interior. Em uma leitura mais espiritualista, representa o tipo de personalidade que o indivíduo escolhe ter nesta vida, o personagem que ele escolhe representar.

A imagem da figura paterna também pode ser captada e entendida muitas vezes a partir da interpretação da posição do Sol no mapa do consulente. Não que ele represente literalmente o signo do pai em questão, mas muito mais a maneira como o consulente *percebe* a figura do pai.

O Sol é o regente do signo de Leão no zodíaco.

LUA

Por ser o corpo celeste mais próximo da Terra, a Lua representa o lado mais íntimo, mais próximo de cada um. Ela rege a sensibilidade, as emoções e os sentimentos, a relação com as pessoas que participam da intimidade, notadamente o núcleo familiar, mas também abrange os amigos e os amores. Na analogia do automóvel, a Lua é o porta-malas, onde se guarda a bagagem acumulada ao longo da estrada da vida. Ela rege também o lar e a família.

A imagem da figura materna está normalmente associada à Lua no mapa. De novo, ela não vai representar necessariamente o signo da mãe, e sim a imagem projetada da figura da mãe.

A Lua rege o signo de Câncer no zodíaco.

MERCÚRIO

☿ O planeta mais próximo do Sol, e por consequência com a órbita mais veloz, simboliza o lado mental, o intelecto, o raciocínio. A posição zodiacal de Mercúrio no mapa indica o modo de funcionamento do lado racional. Ele rege todas as formas de comunicação com o mundo, a capacidade de expressão de ideias e de elaborações intelectuais.

Mercúrio também está associado ao comércio, sendo até hoje o símbolo desta atividade; ele é o mensageiro, aquele que realiza os intercâmbios, as trocas, vindo daí a sua relação com a vida comercial. A vontade de saber, de conhecer, de assimilar informação também está associada ao planeta.

Mercúrio é o regente dos signos de Gêmeos e Virgem no zodíaco.

Como regente de Gêmeos, signo de elemento ar, ele se ocupa do lado abstrato, intelectual, especulativo e em constante movimento. Ideias, pensamentos, reflexões são as atividades de Mercúrio em Gêmeos. Como regente de Virgem, signo de elemento terra, ele se dedica ao lado prático, rotineiro e organizado. Sistematizar, classificar, ordenar, arquivar são atribuições de Mercúrio em Virgem.

VÊNUS

♀ É o planeta seguinte na sequência natural do Sistema Solar e mais um que ocupa uma órbita interna em relação à posição da Terra. Símbolo do feminino, Vênus rege a afetividade, a sensualidade e o prazer que se extrai da vida, num sentido amplo. A capacidade (ou incapacidade) de amar e ser amado, de dar e receber afeto são atributos venusianos no horóscopo.

Se Vênus está bem posicionado no mapa astral, o indivíduo tem facilidade de exprimir seu amor pela vida; esta afetividade se aplica tanto a questões individuais, como a capacidade de amar e ser amado no contexto de uma relação afetiva, quanto a questões coletivas, como a capacidade de exprimir esse amor em um contexto mais amplo, seja ele familiar ou profissional. Por exemplo, no mapa de um homem, o signo onde Vênus se encontra representa uma espécie de "mulher ideal" para ele.

Vênus é regente dos signos de Touro e Libra no zodíaco. Como regente de Touro, signo de elemento terra, Vênus está voltado para o lado mais concreto do afeto e do prazer. A boa comida e bebida, a satisfação dos sentidos e a busca do conforto e do bem-estar são as características de Vênus em Touro. Daí se origina muitas vezes a fama de "preguiçoso" que ele tem quando localizado neste signo.

Como regente de Libra, signo de elemento ar, Vênus se dedica à busca de relacionamentos afetivos, à procura do parceiro ou parceira ideal e à sociabilidade. Vênus em Libra é diplomático, conciliador, e por isso, às vezes, leva fama de indeciso, "em cima do muro".

MARTE

É o primeiro planeta a ter uma órbita externa à Terra em relação ao sistema planetário, e por isso já liberto da "escravidão" de Mercúrio e Vênus, que sempre estarão próximos ao Sol. Independentemente da posição deste, Marte poderá estar em qualquer um dos 12 signos do zodíaco, não importando onde esteja o Sol. Símbolo do arquétipo masculino, Marte rege o lado guerreiro, a impulsividade, a agressividade, a competitividade e a energia física. A iniciativa, a capacidade de reagir às situações de confronto e de estresse são atributos da natureza marciana.

Atividades de natureza esportiva, competitiva, militar, marcial e policial também estão associadas ao planeta.

Pessoas com Marte muito pronunciado no mapa astral precisam de atividades físicas que possibilitem a eliminação do excesso de energia motora produzido por essa configuração. No mapa de uma mulher, o signo onde se encontra Marte representa uma espécie de "homem ideal" para ela. Marte rege o signo de Áries e é considerado corregente de Escorpião, signo este que também regia, antes da descoberta de Plutão.

JÚPITER

♃ Chamado pelos astrólogos da antiguidade de "o grande benéfico", Júpiter tende a representar o que há de melhor na natureza humana. É o primeiro dos chamados "gigantes" do Sistema Solar, juntamente com Saturno. Otimismo, entusiasmo e autoconfiança são características suas. É o único planeta que emite mais energia do que recebe, confirmando por meio desta característica astronômica sua fama de símbolo de expansividade e generosidade. O interesse pelos assuntos metafísicos, religiosos e espirituais também estão entre as atribuições de Júpiter, assim como o interesse por outras culturas, a facilidade para aprender idiomas e a vontade de viajar longas distâncias. Ao mesmo tempo, ele rege os exageros e a incapacidade de aceitar ou reconhecer limites.

Júpiter rege o signo de Sagitário e é considerado corregente do signo de Peixes, cuja regência também exercia antes da descoberta de Netuno.

SATURNO

♄ O segundo dos gigantes do zodíaco e espécie de parceiro antípoda de Júpiter, Saturno rege justamente as características opostas às do seu companheiro de Sistema Solar. Seus anéis simbolizam a capacidade de estabelecer e reconhecer limites. Representa o lado mais cauteloso, mais "velho" e também mais exigente de cada um. Ao mesmo tempo, Saturno representa a busca por sucesso profissional, por reconhecimento das capacidades pessoais transformadas na possibilidade de se ocupar um papel de destaque e projeção na sociedade.

Por conta de representar características não muito populares, é costume atribuir a Saturno uma espécie de lado "negativo" do zodíaco — simplificação perigosa e equivocada, que acabou por produzir algumas obras muito significativas para explicar melhor suas funções dentro do quadro zodiacal.

Emma Costet de Mascheville escreveu um famoso artigo, intitulado "Não me falem mal de Saturno", que todos os astrólogos brasileiros conhecem — ou deveriam.

Liz Greene, astróloga, psicanalista e escritora com dezenas de livros sobre astrologia, tem um deles especialmente dedicado a Saturno.*

Saturno rege o signo de Capricórnio e é considerado corregente do signo de Aquário, depois da descoberta de Urano.

Saturno — Liz Greene, Editora Pensamento, São Paulo, 1994.

URANO

O primeiro dos "embaixadores da galáxia" na visão poética e inspiradora de Dane Rudhyar, Urano é também o primeiro dos planetas transpessoais, aqueles que influenciam gerações inteiras e não produzem características pessoais, a não ser quando estão formando ângulos significativos com os planetas pessoais ou com pontos importantes do mapa astrológico. Ele rege a capacidade de renovação, de não acomodação, de revolucionar pessoas e instituições. A tecnologia e a velocidade nas telecomunicações são associadas a Urano.

A vontade de não se enquadrar nas normas estabelecidas, de tentar se destacar por meio de ações até mesmo excêntricas e originais também são características suas. Uma peculiaridade astronômica de Urano vem mais uma vez confirmar seu significado simbólico: ele se encontra literalmente "deitado" no Sistema Solar, tendo um dos seus polos voltado para o Sol (mais um símbolo da sua excentricidade, aqui em sentido literal).

Urano foi avistado entre março e abril de 1781, e é o regente moderno do signo de Aquário.

NETUNO

Associado à capacidade de sonhar, fantasiar e fugir da realidade, Netuno é mais um gigante gasoso do Sistema Solar. Tudo que diz respeito aos mecanismos utilizados para alguém se desligar da realidade objetiva está associado a ele. Sendo também um planeta geracional, Netuno só produz características individuais quando forma ângulos com os planetas pessoais ou com os pontos cardeais do mapa. Ligado ao que Carl Jung chamava de "inconsciente coletivo", está também associado à moda e às tendências de todo tipo.

Netuno tem ligação com a espiritualidade, a intuição e os poderes paranormais e mediúnicos. Sempre se pode encontrá-lo em posição marcante no mapa de grandes sensitivos e de mentes muito criativas. Por isso está também ligado a todas as atividades artísticas.

Netuno foi avistado entre setembro e novembro de 1846, e é o regente moderno do signo de Peixes.

PLUTÃO

P O planeta mais recente do zodíaco (sua existência só foi comprovada em 1930) rege o lado mais profundo e desconhecido das pessoas. Plutão está associado ao inconsciente, à sexualidade, à morte e às pulsões primitivas e instintivas. Tudo que diz respeito ao aprofundamento de questões, a investigações, a pesquisas, ao mergulho nas profundezas faz parte da natureza plutoniana. Tudo parece ser intensificado pela proximidade deste planeta: obsessões, possessividade, manipulações e ocultações são palavras associadas a ele.

Plutão também rege a capacidade administrativa e centralizadora, por isso muitas vezes pode ser encontrado em posição marcante no mapa de grandes executivos e administradores de toda ordem. A sexualidade, a vida e a morte, o oculto, o magnetismo fazem parte do campo de atuação de Plutão.

Plutão foi avistado entre janeiro e março de 1930, e é o regente moderno do signo de Escorpião.

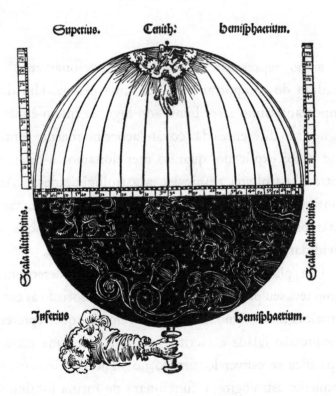

CAPÍTULO QUATRO

Os Signos

O signo representa o "modo de funcionamento" ou "padrão de comportamento" de uma pessoa. Um dado importantíssimo a ser lembrado logo de início é que os signos são diferentes das constelações no mesmo sentido que já foi explicado, quando mencionamos a diferença entre a astrologia tropical e a astrologia sideral. Aqui continuamos tratando da astrologia tropical; portanto, estamos abordando as 12 "fatias" do zodíaco, que são divididas igualmente em 30° de arco cada uma.

Um planeta localizado dentro de um determinado signo terá seu padrão de comportamento associado às características deste signo. Exemplo: Mercúrio, que representa a expressão falada e escrita, funcionará de uma maneira específica se estiver localizado no signo de Gêmeos, seu domicílio astrológico, e funcionará de forma totalmente diferente se estiver no signo de Capricórnio. A mente, o intelecto, a fala, a escrita terão padrões de atuação diferenciados de acordo com o signo zodiacal em que se localizem.

ÁRIES

Signo associado ao elemento fogo e o primeiro na sequência natural do zodíaco, Áries representa justamente o ponto de partida da personalidade. A busca fundamental dos arianos é a afirmação da individualidade. Por isso, as pessoas que possuem pontos importantes do mapa neste signo são afirmativas, impulsivas, competitivas, impacientes, e assim por diante. Áries é o signo da coragem, da vontade de viver, da recusa à inércia, da paixão pela vida. Enfim, o signo dos guerreiros.

A atividade física é importante para todos os signos de elemento fogo, porém é ainda mais para o signo de Áries, símbolo mais expressivo dos atletas, dos corredores, daqueles que disputam os primeiros lugares em qualquer tipo de competição. A necessidade de afirmação da individualidade faz com que os arianos persigam esta afirmação justamente por meio da busca da vitória nas competições de qualquer tipo, e não apenas nas de natureza atlética.

É claro que a incessante energia física produzida por Áries se satisfaz mais com as atividades motoras, mas a essência do ariano será competitiva no emprego, na família ou em qualquer outro campo de experiência da vida.

♈ rege a cabeça e os dentes na correlação que se faz entre as partes do corpo e na sua correspondência com os signos zodiacais. Não é à toa que, na antiguidade, um dos mais importantes instrumentos nas batalhas era o aríete, uma enorme cabeça de carneiro de chifres retorcidos que funcionava como uma arma para promover a derrubada dos portões ou muros dos inimigos. Seu planeta regente é Marte.

TOURO

O primeiro dos signos de elemento terra, Touro simboliza o segundo momento do ciclo da existência, quando, depois de se ter noção da própria individualidade, surge a busca pela sobrevivência e pelo bem-estar. Para que isso aconteça, os taurinos precisam se alimentar, ter um espaço onde se instalar, assim como focos de afeto e de amor nos quais possam se projetar para suprir suas necessidades. É o signo da persistência, da fixação, da cristalização, da alimentação, no seu sentido literal e simbólico.

Os taurinos têm preocupação com a estabilidade material, com a segurança, com a moradia, com o amor. Sendo um signo de terra, naturalmente terá a atenção voltada para o lado prático e objetivo da vida. Ao mesmo tempo, o gosto pela alimentação pode torná-los bons cozinheiros ou, no mínimo, apreciadores da boa culinária. Por causa disso, existe também o risco do ganho de peso.

Os taurinos costumam ter uma compleição física mais pesada e encorpada.

Alguns astrólogos afirmam, em tom de brincadeira, que Touro, na verdade, deveria ser representado pelo boi, por sua aparente calma e tranquilidade. Mas, de qualquer forma, existe uma forte determinação nos taurinos, mesmo que essa determinação não seja externada de maneira agressiva. É mais comum os nativos de Touro usarem a "resistência passiva" como ferramenta.

♉ rege a garganta e o pescoço, por isso aqueles que têm este signo ressaltado podem ser bons cantores ou ter uma bela voz. Seu planeta regente é Vênus.

GÊMEOS

O primeiro dos signos de elemento ar, Gêmeos representa a comunicação, o movimento, o ir e vir, o comércio, a troca. Erroneamente vistos como pessoas de dupla personalidade, os geminianos têm a clara noção da dualidade da vida. A habilidade e a facilidade de se exprimir e se comunicar, além da agilidade mental, são as características mais fortes do signo.

Em Gêmeos, depois da afirmação da individualidade de Áries e da necessidade de estabilidade e sobrevivência de Touro, existe a necessidade de comunicação com o mundo ao seu redor. Seja por meio da troca de informações ou de bens e mercadorias, a natureza geminiana estabelece uma relação com a vida justamente a partir da sua capacidade de intercâmbio com o que se passa ao seu redor. Escritores, poetas, jornalistas, locutores são expressões típicas da personalidade geminiana. A curiosidade também é uma característica marcante, porque é justamente a partir daquilo que consegue assimilar de informação que o geminiano estabelece a sua própria capacidade de se comunicar. A reflexão e o raciocínio são algumas das atividades preferidas dos geminianos.

♊ rege as mãos e as vias aéreas superiores. Seu planeta regente é Mercúrio.

CÂNCER

Aqui começa o segundo quadrante do zodíaco. Na distribuição dos signos no círculo, a localização de Câncer se dá na parte inferior, onde se pode enxergar o alicerce, o fundamento do mapa. E como a base da formação humana se encontra na família, Câncer rege exatamente esta área da vida. Maternidade, lar, célula familiar, segurança, aconchego são palavras ligadas à natureza do primeiro signo de água na sequência natural do zodíaco.

Como os signos de elemento água estão ligados às emoções e sentimentos, em Câncer manifestam-se a noção e a necessidade do estabelecimento de um núcleo que transmita uma sensação de estabilidade. Não a estabilidade apenas material que se manifesta em Touro, mas uma de natureza emocional, sentimental, ou seja, o núcleo familiar. Enquanto Touro representa a casa no sentido físico da construção propriamente dita, Câncer representa o lar, o símbolo da casa no sentido emocional, subjetivo.

O acolhimento, a maternidade, a emotividade, a capacidade de nutrir emocionalmente as pessoas, a noção do porto seguro para o qual se pode retornar quando a vida parece ameaçadora são características da natureza canceriana. Basta lembrar do caranguejo de praia que, assim que se percebe avistado, corre para sua toca na areia, seu refúgio.

♋ rege o estômago e o aparelho digestivo. Seu regente é a Lua.

LEÃO

Depois de ultrapassada a primeira etapa dos quatro elementos, surge o segundo signo de elemento fogo. Em Leão também existe uma busca pela afirmação da individualidade, como houve em Áries, mas agora a experiência individual já garantiu a sua sobrevivência em Touro, já estabeleceu parâmetros de relacionamento em Gêmeos e construiu uma base emocional segura em Câncer; portanto, a necessidade de afirmação se dá a partir de uma noção de segurança que Áries não possuía. E essa afirmação individual pode se manifestar por meio da capacidade de gerar até mesmo novos seres: filhos.

A noção do ego, que surge como potencialidade em Áries, agora se apresenta aqui com uma certeza só sua. A autoimportância, a vaidade e o orgulho também são subprodutos dessa consciência. Leão não se intimida com o brilho dos refletores; ao contrário, ele se considera capacitado e preparado para concentrar as atenções de todos ao seu redor.

Leão rege a criatividade, a expressão pessoal, a noção de que tem brilho próprio e único. Tudo aquilo que se pode criar e produzir está associado à natureza leonina. Filhos, canções, livros ou qualquer outro produto que surja como resultado da própria capacidade criativa têm relação com o signo de Leão.

♌ rege o coração. Seu regente é o Sol, que lhe dá a noção de ser o centro de gravidade do mundo ao seu redor.

VIRGEM

O segundo dos signos de elemento terra traz uma missão mais espinhosa do que seu antecessor. Em Virgem, a natureza busca uma forma de se organizar, de classificar, de sistematizar e de colocar a individualidade a serviço da comunidade. Neste signo, surge o embrião da consciência social, que irá se consolidar na segunda metade do zodíaco, a partir de Libra. O virginiano está sempre em busca do aperfeiçoamento, da melhora, da apuração das suas próprias características. Isto faz com que seja um signo extremamente inquieto — embora discreto — e com razoável grau de ansiedade. A capacidade de observar os detalhes, de estar em constante questionamento de si próprio e dos outros, de querer sempre melhorar produz uma ansiedade que precisa ser administrada. As rotinas, os hábitos, a análise, a higiene são ocupações corriqueiras dos virginianos. A desordem incomoda-os profundamente. Mesmo que resulte em cansaço físico, o signo de Virgem não deixará que as coisas permaneçam caóticas e se empenhará em arrumar, limpar e organizar o mundo ao seu redor. A manutenção da saúde será sempre uma preocupação virginiana.

A necessidade de se sentir útil e de saber que existe um espaço no qual possa se encaixar e desempenhar o seu papel da melhor forma possível será uma das obsessões virginianas. O trabalho, a relação com os companheiros de rotina profissional, a sistematização dos hábitos e a vontade de fazer sempre melhor acompanharão o signo de Virgem e, mais do que isso, darão sentido à sua existência.

♍ rege os intestinos, principalmente o delgado, que separa, organiza, classifica e distribui para todo o corpo as substâncias úteis à nutrição e à saúde. Seu planeta regente é Mercúrio.

LIBRA

No signo de Virgem encerrou-se a primeira metade do zodíaco, aquela que é chamada "o campo da experiência individual". Os seis primeiros signos caracterizam essa parte da consciência. Em Libra, inicia-se o ciclo da experiência social, do relacionamento com o outro e com a comunidade. Se Áries é o signo do "eu", Libra é o signo do "nós". O libriano não gosta de agir de maneira solitária, mas sim de dividir sua vida com mais alguém. É neste signo que se desenvolve pela primeira vez o sentido do valor social.

Atividades grupais, harmonização e integração, cooperação são palavras que representam a natureza libriana. Por fazer parte da tríade dos signos de elemento ar, Libra também é um signo da comunicação, mas essencialmente comunicação no sentido de relacionamento. Em Libra, o impulso vital procura sua complementação, sua parceria, sua união, suas relações humanas. A estética, a harmonia, as artes de uma forma geral e a música em particular são atributos encontrados na natureza de Libra.

Talvez por buscar sempre ouvir o outro lado, saber o que pensam os outros, os librianos tenham obtido uma fama imerecida de indecisos e inconstantes, mas a busca é sempre a de adaptação ao que se espera dele, ou pelo menos ao que ele pensa que se espera dele. Por isso, detesta brigas e conflitos.

♎ rege os quadris e os rins. Seu planeta regente é Vênus.

ESCORPIÃO

Depois que nos encontramos com o outro, de alguma maneira somos transformados por essa experiência. Por isso, o signo de Escorpião está sempre associado à transformação mais profunda. Sendo o segundo signo de elemento água, as emoções são o seu fio condutor. A intensidade é outra palavra-chave da natureza escorpiana, juntamente com a sexualidade e, por paradoxal que possa parecer, a morte. Tudo isso representa a possibilidade de transformação em algo diferente. O conformismo de Touro, seu oposto zodiacal, aqui desaparece para dar lugar justamente à energia transformadora e revolucionária.

Todo o lado mais instintivo e inconsciente está presente na manifestação de Escorpião. Ele representa o oculto, o não visível, o camuflado. Ao mesmo tempo, pela capacidade de administrar, de controlar e conduzir, os escorpiões podem ser excelentes executivos e gestores. Diz-se que um ambiente nunca mais é o mesmo depois que um nativo de Escorpião entra nele. O que houver de dissimulação, de "panos quentes", será denunciado e trazido à tona pela natureza escorpiana.

Sem medo de ferir, se entender que o ferimento produzirá alguma melhora no estado das coisas, os escorpiões podem ser notáveis cirurgiões. Afinal de contas, o que é uma cirurgia, senão uma *agressão* estudada e controlada, com o intuito de produzir uma melhora, uma transformação?

♏ rege os órgãos sexuais e reprodutores. Seu regente moderno é Plutão e seu regente tradicional, Marte.

SAGITÁRIO

Terceiro signo de elemento fogo na sequência zodiacal, Sagitário traz em si o entusiasmo e a inquietação natural deste elemento. A busca do entendimento do mundo à sua volta, o conhecimento, a sabedoria representam a procura básica da natureza sagitariana. A curiosidade que existe no seu signo oposto, Gêmeos, aqui ganha um propósito maior, no qual não basta a mera informação que será passada adiante. Sagitário precisa estruturar a informação, de modo que ela se transforme em um sistema que faça sentido. Se o geminiano representa a informação rápida e descartável, o sagitariano corporifica um saber mais profundo e duradouro. Se Gêmeos é o jornal, Sagitário é o livro.

A religião, a metafísica, a filosofia são campos altamente sedutores para os sagitarianos. Os rituais, os fundamentos, a prática e os ensinamentos de qualquer crença religiosa serão sempre áreas de grande interesse. Os estudos ligados à especialização de nível superior, aos mestrados, doutorados e todo tipo de aperfeiçoamento do saber também estão associados ao signo de Sagitário. Se Gêmeos era a escolaridade básica, Sagitário é a universidade e a pós-graduação.

Por tudo isso, sagitarianos tendem a ser leitores compulsivos, sempre "devorando" várias coisas ao mesmo tempo e nem sempre terminando as leituras. Parece que existe um elemento de inquietação muito forte no signo, que lhe traz a sensação de estar relembrando, e não aprendendo.

rege as coxas e os pulmões. Seu planeta regente é Júpiter.

CAPRICÓRNIO

Terceiro signo de elemento terra, Capricórnio representa a culminância da roda zodiacal, o topo do círculo, o oposto da base representada por Câncer, seu antípoda. Neste signo se dá a busca final da inserção na sociedade, o sentido maior da participação e do desempenho perante a comunidade.

O senso de responsabilidade é fortíssimo nos capricornianos, assim como a necessidade de ocupação do seu espaço profissional. Junto com isso, a noção dos limites, das fronteiras, das cercas que delimitam territórios também são características capricornianas.

Ao mesmo tempo, a cautela e a eventual lentidão na conquista dos objetivos são uma característica essencial do signo. A cabra da montanha, o animal que o representa, precisa ser muito cautelosa na sua escalada, para que não haja nenhum tipo de retrocesso no percurso. Para chegar ao topo, é preciso dar cada passo com ponderação e precisão.

O perfeccionismo do capricorniano é diferente daquele do virginiano; aqui existe um senso crítico mais voltado para a observação de si próprio e um grau de exigência em relação ao desempenho que não existe em Virgem. O capricorniano se debruça sobre seus erros, não para evitar repeti-los, mas para se condenar por tê-los cometido. Da mesma forma que o seu oposto Câncer representa a célula familiar, Capricórnio representa a célula social, a realização profissional, o reconhecimento da sociedade pelo seu desempenho.

♑ rege os joelhos, o esqueleto e a pele. Seu planeta regente é Saturno.

AQUÁRIO

 Pelo fato de ser um objeto que contém água, muitas vezes o signo de Aquário é associado a esse elemento, mas ele é, na verdade, o último signo de elemento ar do zodíaco. Como os outros signos do mesmo elemento (Gêmeos e Libra), está associado à comunicação, só que de uma forma muito mais intensa e veloz.

Aquário é o signo da velocidade no processamento das informações, das atividades grupais e idealistas, da fraternidade e da amizade. Os aquarianos funcionam muito melhor em grupo do que individualmente. Gostam de estar em situações coletivas, movidos por ideais também coletivos. A rebeldia, o inconformismo, a necessidade de transformação, a excentricidade, a invenção e a inovação estão presentes nos aquarianos.

Se em Leão existe a necessidade do brilho individual, de estar sob a luz dos refletores, em Aquário essa necessidade é exatamente oposta: o aquariano prefere se diluir no grupo e no anonimato a estar no centro das atenções, prefere atuar na coletividade e nas instituições que priorizem o bem-estar coletivo. A criatividade, elemento presente em Leão, também é encontrada em Aquário, só que, em geral, de uma forma mais revolucionária e excêntrica.

 rege as pernas e o sistema circulatório. Seu regente moderno é Urano e seu regente tradicional, Saturno.

PEIXES

O último signo do zodíaco caracteriza o final do trajeto da centelha humana pelo círculo astrológico. Signo de elemento água, Peixes simboliza a experiência final, a dissolução da individualidade que buscava se afirmar no primeiro signo, Áries. Depois de percorridas todas as etapas da existência humana, a centelha que se afirmou em Áries está em busca de se dissolver em Peixes.

Sendo de elemento água, sua natureza funciona por meio da sensibilidade, das emoções e dos sentimentos, só que neste caso não são mais sentimentos de natureza individual. O pisciano sofre com os males do mundo, pouco importando se eles estão na sua esquina ou no outro hemisfério. A compaixão, a caridade, a ajuda aos mais necessitados, o trabalho voluntário são ocupações nas quais se sente adequado. Se em Virgem tal senso de utilidade ainda se manifestava na roda da existência individual, em Peixes ele se localiza na vivência experimentada na coletividade.

O contato com o lado místico também é fortíssimo no pisciano. Ele vive na própria pele as sensações da existência de um mundo mais sutil, de uma realidade invisível, de uma ou de várias dimensões da existência que não estão disponíveis para os cinco sentidos por meio dos quais nos relacionamos com o mundo visível. Portanto, o contato com essas realidades invisíveis é muito mais fácil para um pisciano. Por outro lado, a dificuldade de lidar com a realidade objetiva será sempre um fato presente na sua vida. Deve estar constantemente atento para não fugir da realidade concreta.

♓ rege os pés. Seu planeta regente moderno é Netuno e seu regente tradicional, Júpiter.

OFIÚCO (OU SERPENTÁRIO), OU O "DÉCIMO TERCEIRO SIGNO"

Antes de encerrarmos a descrição e as características dos 12 signos, é importante esclarecer a "lenda" a respeito do suposto 13º signo do zodíaco, já que essa história reaparece ciclicamente nos meios de comunicação, praticamente a cada ano que começa, como se fosse uma grande novidade, quando na verdade é uma notícia "requentada".

Nas explicações fornecidas no Capítulo 2 sobre signos e constelações, astrologia tropical e sideral, precessão dos equinócios e eras astrológicas, o assunto do 13º signo também se encaixaria como uma luva, mas é melhor deixá-lo para a finalização deste capítulo, já que aborda os 12 signos, e o 13º acaba por fazer parte da história.

De fato, se formos acompanhar a trajetória *astronômica* do Sol pela eclíptica, existe um pequeno período entre o final de Escorpião e o começo de Sagitário em que o Sol passa alguns dias transitando pela constelação de Ofiúco, também chamado Serpentário. Como todas as "novidades" sobre a astrologia que a mídia divulga de tempos em tempos, este é um fato conhecido pelos estudiosos do céu desde os tempos assírios e babilônicos, que foram os primeiros a identificar a existência da constelação.

Constelação de Ofiúco (ou Serpentário)

Isto explicado, só nos resta relembrar que todos os sistemas, sejam eles originados do zodíaco tropical ou do zodíaco sideral, são simbólicos, uma vez que a atribuição de uma forma específica a um signo ou constelação é algo completamente subjetivo. Funciona como a brincadeira de "ligar os pontinhos" nos jogos infantis.

Ao mesmo tempo, possivelmente a única constelação que se apresenta no céu zodiacal de maneira inequívoca é a de Escorpião, pelo desenho nítido da forma do aracnídeo tão temido por todos nós. Nas outras, podemos ligar os pontinhos de diversas formas. Tanto isso é verdade que a astronomia dos povos indígenas brasileiros enxerga no céu constelações como a da Ema e a do Jacaré, entre tantas outras.

Mas, sim, o Sol percorre um pequeno pedaço da constelação do Serpentário entre 30 de novembro e 17 de dezembro. Como se pode constatar, nem a época em que isso acontece se encaixa no período em que ele passa pelo signo de Escorpião, exatamente por causa dessa diferença entre o zodíaco tropical e o zodíaco sideral.

Então, voltemos à questão das convenções. A *notícia* que repetidamente aparece nos meios de comunicação sobre o "13º signo" como uma grande novidade foi resultado da fundação da União Astronômica Internacional em 1922. Durante o primeiro congresso da U.A.I. em 1925, a comunidade astronômica resolveu delimitar as regiões do céu estrelado, dividindo-o em 88 partes distintas, da mesma forma como se estabelecem as fronteiras dos estados em um país. E, nessa delimitação, a constelação de Ofiúco foi incluída na eclíptica, porque, de fato, astronomicamente falando, ela faz parte da trajetória aparente do Sol no céu ao longo do ano.

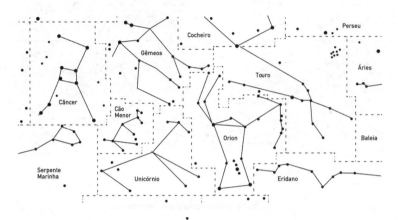

As fronteiras entre as constelações

Se formos considerar essa questão de "ligar os pontinhos" e excluir desse jogo a constelação de Escorpião pelos motivos há pouco mencionados, todos os agrupamentos estelares são resultado de convenções, até mesmo os considerados pelos astrônomos. Convenção por convenção, tudo é convenção...

A linha pontilhada sinuosa que corta a Carta Celeste na ilustração da página seguinte é justamente o caminho aparente do Sol pelo céu durante o ano. Vale reparar no "rabicho" da constelação de Ofiúco sendo cruzado pela eclíptica entre Escorpião e Sagitário.

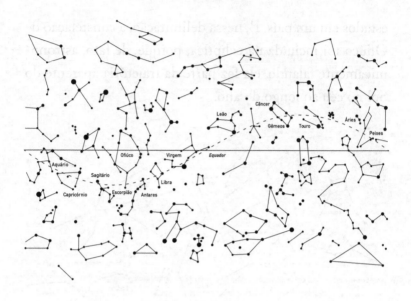

A linha pontilhada é a eclíptica

Uma outra argumentação interessante do ponto de vista simbólico é que tanto Escorpião quanto Ofiúco são representações de animais que trocam de pele ao longo da vida, caracterizando assim a capacidade de renascer, que é uma das principais qualidades dos escorpianos. Portanto, simbolicamente falando, Escorpião e Ofiúco fazem alusão à mesma característica astrológica. Assim sendo, "fundi--los" como representantes de um mesmo significado é algo que faz todo sentido e que não se choca em absolutamente nada com qualquer coisa que já tenha sido dita sobre o papel e a função de cada signo zodiacal.

CAPÍTULO CINCO

As Casas Astrológicas

Da mesma forma que os signos astrológicos simbolizam *modos de funcionamento* ou *padrões de comportamento*, as casas astrológicas simbolizam *campos de experiência* nos quais são focalizadas nossas capacidades e facilidades, limitações e dificuldades. São as áreas da vida representadas pelos diferentes espaços, estejam eles ocupados ou não por planetas, mesmo porque cada uma dessas casas tem um signo na sua cúspide, na sequência natural do zodíaco, a partir do signo que ocupa o Ascendente.

As casas astrológicas estão relacionadas com a passagem dos planetas no céu e com a forma como eles incidem sobre o espaço para o qual é calculado um mapa, nos diferentes pontos do globo terrestre. Elas surgem justamente a partir da localização do Ascendente (horizonte leste) e do Meio do Céu (o meridiano do local para onde o mapa é calculado), no sentido anti-horário. A primeira casa do mapa astral de uma pessoa começa no grau do signo que se encontrava subindo (ascendendo) no horizonte leste do céu, no momento do seu nascimento. Em outras palavras, onde está o Ascendente encontra-se o início da nossa primeira casa astrológica.

Pelo fato de as casas estarem associadas à incidência dos planetas e signos sobre a superfície terrestre, elas estão justamente ligadas aos *campos de experiência* da vida. Estão também associadas à natureza fundamental de cada signo que lhe corresponde em número, ou seja, a primeira casa representa o campo de experiência associado à natureza de Áries, o primeiro signo, e assim sucessivamente. Apenas com a diferença, já explicada, de que não se trata agora de avaliar padrões de comportamento, e sim de entender como esses padrões se encontram refletidos nos campos de experiência correspondentes a cada casa.

Vamos definir em seguida as simbologias correspondentes a cada uma das 12 casas astrológicas de um horóscopo, de acordo com a sua correlação com cada signo.

Casa 1: Associada ao simbolismo do signo de Áries, a primeira casa astrológica começa no ponto onde se localiza o Ascendente de uma pessoa. Diz respeito à aparência, aos interesses primordiais, à singularidade, ao que a diferencia de outra. Não é a casa que representa a personalidade já formada, mas o início do processo de afirmação da individualidade. Pode ser vista como uma casa meio "egoísta" ou "egocêntrica", no sentido amplo das palavras, visto que representa os interesses primordiais. Por ser associada ao signo de Áries, é também associada ao seu elemento: fogo. A pessoa que tem muitos planetas — principalmente os chamados planetas pessoais — nessa casa é voltada para si própria, acima de qualquer coisa. Tem uma natureza marcante, competitiva e assertiva, podendo por isso se interessar pelas áreas que possibilitam a afirmação de tais qualidades. Por ser a casa onde se inicia o mapa e a que determina a natureza e a qualidade do Ascendente, ela é uma casa fundamental no processo de estruturação da personalidade.

Casa 2: A segunda casa está associada à natureza do signo de Touro, portanto representa o campo de experiência relacionado com a sobrevivência, a alimentação, a estabilidade material, a maneira como se administra a saúde econômica e o grau de preocupação em relação às questões mais objetivas que dizem respeito à estabilidade no mundo da matéria.

Ligada ao signo de Touro, está também associada ao seu elemento: terra. Por isso traz a sua dose de praticidade: é o campo das posses, dos bens acumulados, principalmente a partir do próprio esforço. É também a casa do apego às coisas adquiridas, dos valores atribuídos a tudo que se tem, do ciúme daquilo considerado posse, seja essa "posse" constituída por pessoas ou objetos. O conhecido ditado "não tenho tudo que amo, mas amo tudo que tenho" deve ter sido elaborado por alguém com muitos planetas na Casa 2. Por ser a casa ligada à alimentação, pode fazer com que a pessoa tenha interesse nesse campo, seja por meio de uma atividade mais teórica, como a nutrição, ou mais prática, como a gastronomia. Quem tem muitos planetas na Casa 2 tende a estar sempre voltado para as questões do "possuir".

Casa 3: A terceira casa está associada à natureza do signo de Gêmeos e ao seu elemento: ar. O terceiro estágio dos campos de experiência diz respeito à capacidade de expressão e comunicação. Tem relação com a inteligência, o poder de raciocínio, a curiosidade em saber do mundo. É a casa da comunicação por excelência; aqui se fala, se pergunta, se responde, se lê, se ouve, se vê.

A Casa 3 diz respeito também à capacidade de adaptação, já que essa é uma das principais características da natureza geminiana: a adaptabilidade. A relação com o grupo mais próximo, principalmente irmãos, é dimensionada pela natureza do signo que ocupar a cúspide da Casa 3. Uma pessoa com muitos planetas nessa casa tem invariavelmente um grande interesse pelas questões ligadas à comunicação, podendo desenvolver habilidades nesse campo profissional, como o jornalismo, a literatura e o comércio, uma vez que ele simboliza uma atividade em que a troca é a função essencial. Enfim, todo tipo de atividade que dependa da capacidade de expressão, negociação e interação.

Casa 4: A quarta casa está associada à natureza do signo de Câncer e ao elemento água, assim como às raízes, à família, ao lar, à figura materna, aos antepassados, às tradições, à terra natal, às propriedades. Por ser a casa localizada no "fundo" do mapa astrológico, é também chamada Fundo do Céu, em oposição à Casa 10, chamada Meio do Céu. É o refúgio, a toca do caranguejo, o porto seguro.

Por ser uma casa de elemento água, está associada às emoções, aos sentimentos mais básicos da natureza humana. Mapas com grande quantidade de planetas na Casa 4 fazem com que a pessoa tenha uma tendência a ser caseira, recolhida, voltada para a família, seja ela baseada em vínculos consanguíneos ou afetivos. Por isso mesmo, essa casa representa o alicerce emocional, a intimidade, os fundamentos familiares, a base na qual a pessoa foi criada. Muitos planetas na Casa 4 fazem com que se tenha facilidade para lidar com imóveis, mas principalmente para harmonizar e preparar ambientes; portanto, para se envolver com arquitetura, decoração e outras atividades correlatas.

Casa 5: Associada ao simbolismo do signo de Leão e ao elemento fogo, a quinta mansão astrológica diz respeito à capacidade criadora, no seu sentido mais amplo. É tradicionalmente chamada "a casa dos amores", também no sentido mais amplo da palavra amor, porque fala de tudo aquilo por que nos apaixonamos, seja uma pessoa, um filho ou as artes em geral; e, principalmente por se tratar da casa associada ao signo de Leão, o quanto gostamos de nós mesmos. Ou seja, representa o campo da autoestima e do amor-próprio.

É também considerada a casa dos jogos, dos divertimentos e dos passatempos. A criatividade, a inspiração artística, os talentos naturais, a capacidade de gerar algo, seja um livro, uma canção, uma peça teatral ou qualquer outro produto engendrado pela habilidade de fazer com que um processo criativo dê frutos, tudo isso está ligado ao campo de experiência da Casa 5. Um mapa que traga muitos planetas nessa casa faz com que a pessoa sinta a necessidade imperiosa de criar, mesmo que não seja profissionalmente. Ela também diz respeito ao prazer que se extrai da vida, da diversão, dos hobbies e do entretenimento.

Casa 6: Associada ao simbolismo do signo de Virgem e ao elemento terra, a sexta casa representa o campo de experiência ligado à rotina, aos hábitos, à capacidade de trabalho, à maneira como a pessoa se relaciona com os colegas de trabalho, à higiene e à saúde. Os talentos e habilidades que descobrimos possuir são colocados em funcionamento na Casa 6. O dom de organizar, detalhar, classificar e sistematizar se manifestam nessa casa.

Por estar associada ao elemento terra, nela também estão presentes o espírito prático, o senso de observação e o gosto pelo metódico. Por causa disso, tudo que diz respeito à área de saúde também se encontra ligado à sexta casa. Mapas que tenham uma concentração grande de planetas na Casa 6 podem despertar um excesso de dedicação ao trabalho (o "workaholic"), além de suscitar interesse pela medicina e seus desdobramentos. É também conhecida como "a casa do serviço altruísta".

Casa 7: Associada ao simbolismo do signo de Libra e ao elemento ar, a sétima casa astrológica é o campo no qual se estabelece todo tipo de parceria e de associações. É popularmente conhecida como "a casa do casamento", porque, sendo regida pelo planeta Vênus, por sua vez regente de Libra, diz respeito primordialmente às parcerias de natureza afetiva, embora também abarque outras formas de união e associação, como empresas, sociedades etc.

Como o elemento ar está ligado às questões da comunicação, essa casa também se ocupa da convivência social, dos contatos, do intercâmbio entre indivíduos e das negociações de natureza diplomática, num sentido amplo do termo. Os acordos estabelecidos entre partes e a regulamentação das formas que as parcerias podem assumir também são assuntos relativos à sétima casa. Mapas que possuam muitos planetas concentrados na Casa 7 farão com que a pessoa esteja sempre em busca de um complemento, de uma parceria, e não goste de realizar nada — e nem de levar a vida — sozinha.

Casa 8: Associada ao simbolismo do signo de Escorpião e ao elemento água, a oitava casa lida com alguns temas ameaçadores para o ser humano, porque desconhecidos. É a casa do inconsciente, das pulsões mais primitivas, do oculto, das transformações e transmutações. É também ligada à sexualidade, à morte e aos questionamentos mais profundos; as investigações, as pesquisas, o aprofundamento de toda e qualquer questão, além da capacidade administrativa e gerencial, são temas que interessam aos possuidores de uma Casa 8 populosa.

Sendo oposta à Casa 2, ligada às posses e aos bens materiais, a Casa 8 complementa essas características ao ser associada aos capitais coletivos, aos investimentos de grande porte, aos prêmios em dinheiro — o montante arrecadado em loterias é, em última instância, um tipo de dinheiro coletivo —, às heranças, às grandes corporações. Fundos de investimento, fundos de pensão, por exemplo, são temas ligados à oitava casa.

Por ser associada também às transmutações, o tema morte — a maior de todas as transmutações — faz parte do campo de experiência da Casa 8. A psicanálise e todas as formas de investigação do inconsciente humano, assim como a sexualidade, estão incluídas entre as suas inclinações.

Casa 9: A última das casas de elemento fogo e associada à natureza do simbolismo do signo de Sagitário, a nona casa diz respeito aos interesses intelectuais, religiosos, metafísicos e filosóficos. Sendo a polaridade da Casa 3, associada à informação, aqui a curiosidade que surgiu lá se reveste de um interesse maior do que a mera assimilação de informações. Para a Casa 9, é preciso conferir um sentido às coisas, fazer uma conexão que permita explicar a relação entre o mundo visível e o invisível.

O ensino superior, a pós-graduação, o mestrado e o doutorado também funcionam como complemento à escolaridade básica que se manifesta na Casa 3. O ambiente universitário e acadêmico é um dos campos onde se encontra o interesse da Casa 9, assim como o meio religioso e filosófico. Os rituais, as teorias que tentam explicar a conexão entre sagrado e profano seduzem aqueles que têm uma Casa 9 com muitos planetas. A cultura, o interesse pela diversidade de costumes e linhas de pensamento fazem com que haja também um interesse por idiomas — juntamente com a facilidade para aprendê-los — e por outros países. Portanto, viagens, sejam as literais de longa distância, ou as grandes viagens mentais em busca de conhecimento, serão sempre de interesse para os possuidores de uma Casa 9 proeminente.

Casa 10: Última das casas de elemento terra, associada ao simbolismo do signo de Capricórnio, a décima casa diz respeito à função da pessoa na sociedade, ao papel que nela desempenha e ao destaque que conquista no mundo social. É chamada popularmente "a casa da carreira". Por ser a terceira casa do grupo pertencente ao elemento terra, simboliza a culminância da busca pela estabilidade material que começa na Casa 2, continua na dedicação ao trabalho da Casa 6, chegando aqui ao ponto culminante do mapa astrológico no seu sentido literal. É o chamado Meio do Céu, em oposição ao Fundo do Céu, encontrado na Casa 4, sua polaridade.

Diz-se que, dependendo da base emocional que um indivíduo tenha tido no passado e na família (a Casa 4), é possível que ele alcance destaque e sucesso profissionais, objetivo de uma Casa 10 plena de planetas. A vida pública em suas mais diversas e numerosas manifestações, os cargos de responsabilidade e os reconhecimentos da sociedade estão entre os objetivos da Casa 10, o campo onde a pessoa pode chegar ao alto da montanha capricorniana e se destacar da massa.

Casa 11: Derradeira casa de elemento ar, ligada ao simbolismo do signo de Aquário, a Casa 11 rege os interesses coletivos e altruístas, as associações e agrupamentos organizados pela sociedade em seu próprio benefício. Desde uma associação de moradores de bairro até a ONU, todas as entidades que se enquadram nesse objetivo de gerar benefícios coletivos estão dentro do escopo da Casa 11. Também associada às amizades, ela faz contraponto com a Casa 5, das paixões.

As primeiras formas de comunicação, ligadas à Casa 3, continuam a se desenvolver na busca de parcerias da Casa 7 e culminam nas associações coletivas da Casa 11. Partidos políticos, ONGs, sindicatos, instituições filantrópicas e outras entidades fundadas e geridas de forma coletiva fazem parte do campo de experiência da décima-primeira casa. Associações humanitárias criadas com propósitos específicos, como Médicos sem Fronteiras e Anistia Internacional, caracterizam com perfeição a área da Casa 11. O mapa que possuir muitos planetas na Casa 11 pode inclinar a pessoa a buscar sua realização no âmbito das instituições mencionadas.

Casa 12: Última casa astrológica, ligada ao elemento água e ao simbolismo do signo de Peixes, a décima-segunda casa representa o final do trajeto zodiacal. Da mesma forma que no signo de Peixes encontra-se o final da busca da personalidade, na Casa 12 está a área da dissolução, do desaparecimento do mundo. Todas as instituições que de alguma forma isolam o indivíduo da sociedade se inserem no âmbito dessa casa. Assim, mosteiros, eremitérios, asilos, e por outro lado hospícios, hospitais, penitenciárias etc. são locais que dizem respeito a essa área do mapa.

Pessoas que se dedicam ao alívio do sofrimento do seu semelhante, abrindo mão de uma vida pessoal em troca da satisfação em buscar o bem do próximo, terão de alguma forma uma ênfase na última casa. Do mesmo modo, aquelas que não têm problemas com retiros espirituais e isolamentos de todo tipo também estão enquadradas na característica da décima-segunda casa. Assim como a sua oposta em polaridade — a Casa 6 —, a natureza da Casa 12 é propensa a se dedicar ao serviço ao próximo. A criatividade, a inspiração, a compaixão, a mediunidade, a clarividência e todos os processos de aprofundamento psíquico e emocional estão ligados ao campo de experiência da Casa 12.

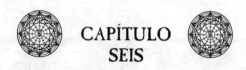

CAPÍTULO
SEIS

OS ÂNGULOS PLANETÁRIOS

O "DIÁLOGO" ENTRE OS PLANETAS
Um dos pontos mais importantes no detalhamento de um mapa astrológico é o estudo que se faz dos ângulos formados entre os planetas e outros pontos marcantes do horóscopo. Aqui acontece a definição e a focalização das tendências indicadas pela colocação dos planetas nos signos e nas casas.

Os ângulos dizem respeito ao "diálogo" que se estabelece entre os planetas e com os pontos principais de um mapa. Dependendo da angulação formada, haverá um diálogo mais fluente ou mais "travado" entre os corpos celestes e o Ascendente e o Meio do Céu. São tais ângulos que vão particularizar e definir a "conversa" que se dá entre os diversos componentes do horóscopo, fortalecendo ou enfraquecendo determinadas posições de certos planetas e pontos no mapa.

Os ângulos planetários são classificados de diversas formas, mas as angulações principais terminaram por levar o nome de "ptolomaicas" porque foram codificadas e classificadas por Cláudio Ptolomeu. Os ângulos "maiores", no sentido de que são os mais importantes e evidentes em qualquer mapa, estão listados abaixo:

★ Conjunção (0° a 10°), quando os planetas (ou pontos) se encontram a menos de 10° de afastamento uns dos outros;

★ Sextil ou Sextilha (60°), quando os planetas (ou pontos) se encontram a um ângulo aproximado de 60° entre si;

★ Quadratura (90°), quando os planetas (ou pontos) formam um ângulo de aproximadamente 90° entre si;

★ Trígono (120°), quando os planetas (ou pontos) estão a um ângulo aproximado de 120° entre si;

★ Oposição (180°), quando os planetas (ou pontos) se encontram a um ângulo aproximado de 180° entre si.

Existem dois ângulos intermediários que não chegam a ser considerados ângulos "menores" e são relativamente utilizados por muito astrólogos: o Semi-sextil ou Semi-sextilha, quando os planetas (ou pontos) se encontram a um ângulo de 30° entre si; e o Quincúncio ou Inconjunção, quando o ângulo formado entre os planetas (ou pontos) é de 150°.

Além dos referidos ângulos da página anterior, existem os ângulos considerados "menores", que são subdivisões dos ditos maiores. Vamos apenas mencioná-los a título de registro, mas não há necessidade de explicar o significado, já que são muito pouco utilizados pela maioria dos profissionais da astrologia: a Semiquadratura (45°), a Sesquiquadratura (135°), o Decil (36°), o Quintil (72°) e o Novil (40°). Os próprios nomes já explicam o quanto correspondem em relação à divisão em partes iguais dos 360° do zodíaco: a Semiquadratura é a metade de uma Quadratura; a Sesquiquadratura é uma Quadratura mais a sua metade; o Decil é a divisão do zodíaco em 10 partes iguais; o Quintil, em 5; e o Novil em 9.

Vamos agora explicar e definir o significado dos ângulos maiores, não sem antes comentar o conceito tradicional que se atribuía aos ângulos ptolomaicos, de acordo com a astrologia praticada na antiguidade: os ângulos atualmente chamados "fluentes", como o Sextil (60°) e o Trígono (120°), eram considerados "positivos" ou "benéficos"; os chamados "tensos", como a Quadratura (90°) e a Oposição (180°), eram considerados "negativos" ou "maléficos"; a Conjunção variava de conceituação, algumas sendo "benéficas" e outras "maléficas", dependendo dos planetas envolvidos.

Carl Gustav Jung acabou por subverter esses conceitos, sem negar-lhes a qualidade da fluência ou da tensão, mas sugerindo uma abordagem diferenciada em relação ao que eles poderiam representar ou significar na vida de quem os tivesse em seu mapa astral.

Ele acreditava que os ângulos ditos "benéficos" realmente traduziam uma interação fácil e fluente entre os planetas e pontos neles envolvidos, mas concluía que não apresentavam nenhum desafio ou questionamento para o seu possuidor, e, portanto, não traziam nenhum potencial de transformação ou crescimento para o indivíduo. Eram "benéficos" apenas porque não criavam tensões no mapa, mas também não induziam ao progresso pessoal. Para usar um termo mais atual, podemos considerar os "benéficos" como *recompensas* que recebemos da vida, prêmios a que fizemos jus, não importa por que razão. De qualquer forma, esses ângulos sempre simbolizarão momentos de gratificação, desfrute e bem-estar, e normalmente quando isso acontece estamos em modo de "repouso", e não de crescimento ou questionamento.

Por outro lado, os ângulos ditos "maléficos" representavam claramente áreas de tensão do mapa, e certamente produziriam algum tipo de incômodo ou dificuldade na sua expressão plena. Mas era exatamente aí que Jung percebia o potencial de evolução ou crescimento individual: uma vez que os planetas ou pontos envolvidos caracterizavam um conflito entre áreas da personalidade, seria justamente tal conflito que faria com que seu possuidor se debruçasse sobre a questão proposta pela tensão resultante e fosse em busca de um trabalho de autoconhecimento, terapêutico ou não, que possibilitasse a transmutação e superação da dificuldade ali apresentada.

Portanto, os ângulos ditos "maléficos" ou "negativos" trariam o maior potencial de crescimento para o indivíduo, ao passo que os ângulos "benéficos" ou "positivos" significariam áreas "prontas" da natureza psicológica do indivíduo e que, embora pudessem representar talentos e facilidades, não seriam os responsáveis pelo processo de crescimento e transformação do seu portador.

Usando novamente uma terminologia bem atual, podemos comparar os aspectos ditos benéficos com a nossa famosa "zona de conforto", enquanto os ditos maléficos simbolizariam a saída dessa zona de conforto.

Vamos ao significado dos principais ângulos:

CONJUNÇÃO (0°)

Quando dois planetas, ou um planeta e um ponto importante do mapa, se encontram muito próximos (entre 0° e 10°), eles estão em Conjunção. É um aspecto de grande força e impacto no mapa, principalmente dependendo dos planetas e pontos envolvidos. Quando a Conjunção é formada por elementos que têm um "diálogo" fácil e/ou produtivo entre si, o ângulo pode proporcionar um resultado favorável para o seu portador.

Alguns exemplos: uma Conjunção entre Mercúrio e Vênus, independentemente do signo em que se encontrem (e a localização em termos de signo e casa também poderá incrementar ou diminuir sua "potência"), facilitará a capacidade de convencimento, a sedução e o carisma do seu portador. O comunicativo Mercúrio, próximo ao sedutor Vênus, somará as qualidades de ambos.

Um exemplo contrário: uma Conjunção entre Marte e Plutão certamente fará com que o seu portador possua um grau de impaciência e agressividade exagerados, e poderá lhe trazer problemas, fazendo com que esteja sempre se envolvendo ou até mesmo incentivando conflitos e confrontos, ou seja, é possuidor de um temperamento explosivo e agressivo. Uma maneira possível de se sublimar tal aspecto seria o seu possuidor escolher, por exemplo, a carreira de cirurgião; pode parecer estranho, mas é fácil entender o simbolismo: a capacidade incisiva e cortante desta Conjunção encontraria uma forma de expressão positiva no talento cirúrgico.

Em vista disso, percebe-se que a Conjunção pode tomar direções bem diversas na estruturação de tendências em um mapa astrológico, dependendo sempre da qualidade do "encontro" que se dá entre os planetas e os pontos nela envolvidos. Há sempre que se examinar as características principais e secundárias de todos os componentes da Conjunção.

SEXTIL (60°)

O ângulo de 60° faz parte do grupo dos chamados aspectos "positivos" ou "benéficos" na antiga classificação astrológica. Ele sempre pressupõe a localização dos planetas ou pontos envolvidos em signos cujos elementos são harmônicos entre si (exemplos: terra--água, fogo-ar). O significado fundamental do Sextil é o de oportunidade, facilidade, abertura. Ele estabelece um grau de "diálogo" excelente entre os planetas que formam o aspecto, produzindo uma sensação de fluidez e interação entre os pontos aspectados.

A troca que se realiza entre dois pontos e/ou planetas em um Sextil é sempre repleta de significados e enriquecedora para ambos.

QUADRATURA (90°)

O ângulo de 90° está entre os mais temidos da astrologia e se enquadra na antiga classificação de "negativo" ou "maléfico". Os pontos ou planetas nele envolvidos quase sempre estão em signos de elementos conflitantes (terra-fogo, terra-ar, ar-água, fogo-água), e por isso a sensação é de choque entre forças diferentes e difíceis de se harmonizar.

A Quadratura talvez seja o aspecto mais desafiador de um mapa astral, visto que solicita uma intervenção decisiva da nossa consciência sobre a dificuldade caracterizada pela natureza dos planetas e/ou pontos envolvidos na configuração. Ao mesmo tempo, citando a "revolução" proposta por Jung anteriormente mencionada, a Quadratura é onde repousa a maior possibilidade de superação e crescimento em relação a dificuldades que conhecemos e reconhecemos na nossa natureza.

Para não ficarmos em uma abordagem muito superficial e nos limitarmos à visão maniqueísta da antiguidade, é sempre bom lembrar que, se formos estudar os horóscopos de figuras marcantes da história em qualquer setor da vida, sempre encontraremos muitos aspectos tensos e até mesmo conflitantes nos seus mapas. Como já foi dito, o desconforto causado pelos aspectos tensos funciona, na maioria das vezes, como estimulante e motivador de superações e transformações importantes na vida dos seus portadores.

TRÍGONO (120°)

Mais um ângulo considerado "positivo" ou "benéfico" pelos antigos, o Trígono se forma entre planetas e/ou pontos colocados em signos do mesmo elemento, visto que os signos que fazem parte de um mesmo grupo de elementos estão sempre a um ângulo de 120° uns dos outros. Portanto, na maioria das vezes, os planetas e/ou pontos estarão localizados em signos afins.

Eventualmente, quando se forma um ângulo de 120° entre planetas que não se encontram nesta situação (exemplo: um planeta no final de um signo de fogo e outro no início de um signo de terra), o aspecto é considerado mais fraco do que habitualmente, e por isso sua força é menor.

O Trígono é um ângulo de estímulo, de força, de diálogo entre planetas e/ou pontos que falam a mesma língua, que vibram na mesma frequência, que se estimulam mutuamente. Enquanto o Sextil, também um aspecto fluente, tem uma certa suavidade na sua manifestação, o Trígono é mais exuberante, mais pujante, mais dinâmico.

OPOSIÇÃO (180°)

Último dos ângulos temidos no quadro dos aspectos astrológicos, a Oposição também apresenta uma configuração de tensão, mas que pode ser mais facilmente transmutada em uma leitura de complementação do que de conflito irremediável, como no caso da Quadratura. Isso porque ela se dá entre signos de elementos harmônicos e complementares, como terra-água ou ar-fogo.

Existe um consenso entre as várias abordagens astrológicas em relação a essa noção de complementação sugerida pelo aspecto da Oposição, e mais uma vez a visão de Jung tem uma importância fundamental. Neste caso, estamos falando do conceito de "sombra", na psicologia analítica. Também na astrologia se acredita que o signo oposto ao nosso — seja ele o signo solar, ascendente ou lunar — representa a nossa sombra, e é por isso recomendável conhecê-lo melhor, aproximar-se dele, para promover um equilíbrio entre as polaridades encontradas no mapa astrológico.

A Oposição traz esse "convite" embutido no seu ângulo, e por isso possibilita que seja mais fácil integrar o conflito apresentado no aspecto do que no caso da Quadratura, onde parece que os planetas ou pontos envolvidos estão buscando caminhos no mínimo divergentes, sem nenhum sentido de complementaridade ou integração.

É óbvio que a sensação de "cabo de guerra" está presente no ângulo de Oposição, porém mais uma vez o desafio da integração e da complementação se coloca como o caminho para o crescimento, que pode resultar do sentimento de conflito que inicialmente reconhecemos nesta tensão.

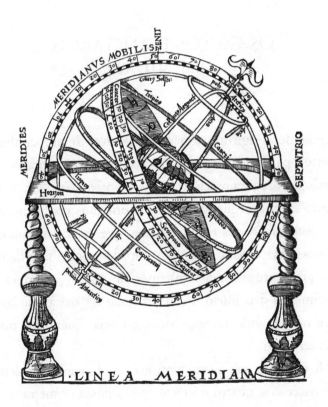

CAPÍTULO SETE

OS CICLOS PLANETÁRIOS DE VIDA

Depois de atingirmos um grau razoável de autoconhecimento a partir da compreensão das nossas configurações de nascimento, agora precisamos pôr o nosso mapa "em movimento". Isto porque até aqui só tomamos conhecimento das potencialidades e dificuldades que trazemos conosco no nosso mapa natal, mas não consideramos o fato de que esse ambiente no qual acabamos de entrar por meio do nascimento deu início a um processo de troca que só se encerrará quando sairmos dele, ou seja, quando a nossa vida terminar.

É evidente que o céu continua a se movimentar depois que nascemos; quatro minutos após a nossa primeira respiração, ele já se moveu 1° em relação à linha do horizonte, e o movimento continua. O horóscopo do nascimento é um congelamento, uma fotografia da configuração celeste no momento em que viemos ao mundo e começamos a respirar.

Os padrões ali registrados nos mostram como provavelmente lidaremos com a vida, e o estudo dos ciclos planetários e da vida recém-iniciada nos mostrará como lidar melhor com os diversos momentos por que vamos passar ao longo da nossa existência.

Existem numerosas técnicas para o estudo dos ciclos planetários, mas vamos destacar quatro principais, que são as mais utilizadas:

★ As progressões (ou direções) simbólicas;

★ As progressões (ou direções) secundárias;

★ Os trânsitos planetários;

★ O retorno (ou revolução) solar.

As Progressões (ou Direções) Simbólicas

As direções simbólicas são fáceis de se calcular: basta que se movimentem os planetas do mapa de nascimento na proporção de 1° para cada ano de vida. Neste caso, todos os planetas, independentemente da sua velocidade real no céu, são movimentados de acordo com esta regra.

Elas têm um caráter mais simbólico, como o próprio nome já demonstra, e são muito utilizadas para se fazer a retificação do horário de nascimento, quando ele não é preciso ou se tem dúvida. O procedimento também é simples e mais evidente quando fazemos esse tipo de estudo visando precisar melhor o horário de nascimento:

partindo-se da suposta hora em que a pessoa nasceu, movimentamos o Ascendente na proporção de 1° para cada ano de vida, até que ele forme algum aspecto tenso ou fluente com outro ponto ou planeta do mapa natal.

Como cada grau corresponderá a um ano de vida — e a quatro minutos de diferença do horário informado —, se a movimentação coincidir com a idade em que a pessoa viveu aquela experiência, isto significará que o seu horário de nascimento está correto. Se houver uma diferença entre a idade assinalada pelo astrólogo e a idade em que a pessoa passou pela experiência, cada ano de diferença entre a idade apresentada pelo astrólogo e a vivida pelo cliente corresponderá a quatro minutos de correção na hora de nascimento — para mais ou para menos.

Dependendo dos planetas e do aspecto resultante, caberá uma leitura específica para se entender o significado da configuração. Por exemplo, para ser bem didático: se for um aspecto fluente entre o Ascendente e algum outro ponto ou planeta do mapa, a pessoa terá vivido uma experiência agradável em uma determinada idade; se for um aspecto de tensão, a pessoa terá passado por alguma experiência difícil ou traumática.

Como exemplo prático, citarei uma situação que vivi na infância, que confirmou a precisão do meu horário de nascimento: no meu mapa natal, vê-se Marte a uma distância de 8° do Ascendente. Progredindo o planeta nesta proporção de 1° para cada ano de vida, encontraríamos Marte chegando ao Ascendente nos meus oito anos de idade.

Marte, no caso, sempre representa corte, trauma, impacto, acidente; o Ascendente é o nosso próprio corpo físico. Juntando-se os dois símbolos, chegamos à conclusão de que eu teria passado por algum acidente, impacto ou cirurgia, o que de fato aconteceu: sofri uma cirurgia ortopédica, na qual ambas as pernas foram operadas para correção de um ligeiro problema congênito de pisada. Caso o horário de nascimento estivesse equivocado, isto teria se passado em uma idade anterior ou posterior àquela em que o fato aconteceu. Como o horário era preciso, a experiência aconteceu exatamente aos oito anos.

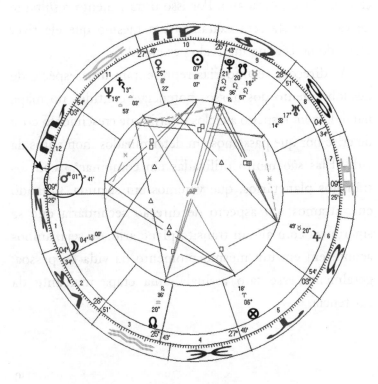

As Progressões (ou Direções) Secundárias

Este estudo resulta da movimentação de fato dos planetas ou pontos do nosso mapa de nascimento, na proporção de um dia para cada ano de vida. Ou seja, procuramos as posições planetárias que equivalham ao ano que pretendemos pesquisar. Se for o 30º ano da nossa vida, procuraremos a configuração celeste do 30º dia após o nosso nascimento.

Aqui a técnica é diferente da utilizada na direção simbólica, porque se leva em consideração o movimento real do planeta no céu em vez de deslocarmos todos na proporção de 1° para cada ano. Por isso o movimento resultante de cada planeta será exatamente o mesmo que ele tiver efetuado no céu, no intervalo pesquisado.

As direções secundárias representam uma espécie de desdobramento dos nossos potenciais contidos no mapa natal. Dizem respeito a ciclos internos de crescimento e/ou de crise por que passamos em determinados momentos da vida. Elas são muito utilizadas em combinação com os trânsitos planetários, que veremos em seguida. Quando encontramos um aspecto de direção secundária que se sincroniza com algum trânsito planetário, ou seja, ambos acontecem em um mesmo momento da vida da pessoa, geralmente esse fato assinala uma etapa marcante da existência.

Os Trânsitos Planetários

Esta é a técnica mais conhecida e mais popular dos estudos dos ciclos, embora a maioria dos astrólogos a utilize em combinação com as técnicas anteriormente mencionadas. O público leigo costuma chamá-las "previsões". Os trânsitos planetários são o reflexo do movimento real dos planetas no céu para cada dia, mês ou ano que se pretenda estudar, projetados sobre o nosso mapa natal. Diferentemente das técnicas anteriores, esta representa a relação real, geométrica, do meio ambiente celeste com o nosso mapa de nascimento, e por isso mesmo é a mais fácil de se perceber atuando no nosso dia a dia e produzindo resultados e sensações muito mais perceptíveis do que as técnicas das direções planetárias já descritas.

Sua aplicação também é simples do ponto de vista da mecânica celeste: basta projetar o céu do momento que se pretende pesquisar sobre o mapa natal e avaliar as configurações angulares que se formam. A avaliação será feita levando-se em conta os ângulos planetários mencionados aqui no Capítulo 7, ou seja, o entendimento do significado dos trânsitos obedecerá à mesma lógica que se utiliza para o estudo das interações planetárias angulares como vimos no capítulo anterior: as Quadraturas e Oposições representarão momentos de tensão e questionamento, até mesmo de dificuldade, e os Trígonos e Sextis representarão momentos favoráveis para tomada de decisões, movimentações/ações e atitudes importantes. Também aqui o estudo do significado das Conjunções dependerá dos planetas envolvidos no aspecto, da mesma forma que já foi exemplificado neste capítulo.

Outro ponto importante a ser lembrado diz respeito a trânsitos de planetas regentes do mapa. Todas as movimentações dos planetas mais importantes do mapa deverão ter um impacto ainda mais profundo sobre a pessoa. Se estivermos estudando um trânsito de Saturno e o signo de Capricórnio for um dos três componentes básicos, este trânsito terá um significado e um impacto maior na sua vida. Neste caso, inclusive, a regra vale tanto para a pesquisa de uma posição de Saturno no céu, num determinado momento (Saturno em trânsito), quanto para movimentações de outros planetas sobre o Saturno do mapa natal (Saturno natal).

Pelo fato de representarem uma relação concreta, real, do céu de um determinado momento com o mapa natal de alguém, os trânsitos são facilmente perceptíveis e identificáveis por todos, seja a priori ou a posteriori. É claro que, se a pessoa não possuir conhecimento astrológico suficiente, ela só conseguirá entender a dimensão do que viveu, está vivendo ou vai viver quando estiver na presença de um astrólogo profissional, que saberá lhe traduzir os símbolos encontrados no movimento dos planetas no céu em fatos e momentos concretos experimentados no dia a dia.

Como já se explicou, os trânsitos astrológicos são um dos estudos mais procurados pelos clientes e um dos mais utilizados pelos astrólogos para propiciar uma maior e melhor compreensão das fases da nossa vida. Podemos afirmar que os trânsitos são uma espécie de "mapa rodoviário" da vida, que nos permite identificar momentos em que a estrada está lisa e reta, e, portanto, acelerar a realização de projetos e planos. Em outras ocasiões, identificamos curvas e buracos no asfalto, e somos obrigados a diminuir a velocidade, às vezes até mesmo a fazer alguma parada para reabastecimento e descanso.

Para finalizar, vale a pena mencionar um belíssimo texto bíblico encontrado nos primeiros oito versículos do Capítulo 3 do livro de Eclesiastes, que é uma verdadeira "aula" sobre trânsitos astrológicos e ciclos de vida, visto que afirma que há um tempo certo para cada coisa na vida:

Eclesiastes 3:1-8

Para tudo há uma ocasião e um tempo para cada propósito debaixo do céu: tempo de nascer e tempo de morrer, tempo de plantar e tempo de arrancar o que se plantou, tempo de matar e tempo de curar, tempo de derrubar e tempo de construir, tempo de chorar e tempo de rir, tempo de prantear e tempo de dançar, tempo de espalhar pedras e tempo de ajuntá-las, tempo de abraçar e tempo de se conter, tempo de procurar e tempo de desistir, tempo de guardar e tempo de lançar fora, tempo de rasgar e tempo de costurar, tempo de calar e tempo de falar, tempo de amar e tempo de odiar, tempo de lutar e tempo de viver em paz.

A noção desse "tempo para cada propósito debaixo do céu" é a melhor explicação que podemos encontrar para entender as diferentes etapas da nossa passagem por esse planeta. Os trânsitos astrológicos serão sempre a melhor ferramenta para nos ajudar a compreender se é "tempo de derrubar" ou "tempo de construir".

OS TRÂNSITOS CÍCLICOS

Existem trânsitos planetários cíclicos que estão relacionados com o movimento de translação que cada planeta desenvolve em torno do Sol. De acordo com as definições no Capítulo 3 e levando-se em conta apenas os planetas para além de Marte, temos então um histórico dos "retornos" que cada planeta lento faz a seu ponto de origem no mapa natal de uma pessoa.

Júpiter: como já foi explicado, Júpiter percorre um signo por ano; portanto, um ciclo de Júpiter se repete a cada 12 anos. Isto quer dizer que, de 12 em 12 anos, Júpiter volta ao ponto do zodíaco em que estava quando da ocasião do nascimento de uma pessoa. É o "retorno de Júpiter". Como o planeta rege a capacidade de expansão, o entusiasmo, a fé no futuro, caso ele esteja colocado de forma estimulante no mapa natal, seu regresso deverá motivar e estimular os projetos de expansão, as especializações, mestrados e doutorados, as viagens de longa distância e as especulações filosóficas, metafísicas e religiosas.

Caso a posição de Júpiter possua tensões com outros pontos ou planetas do mapa, será preciso tomar cuidado com a falta de noção de limites, com os exageros e os excessos de todo tipo. Este planeta em posições tensas tende a fazer com que se perca a noção de moderação, tão essencial em muitas circunstâncias da vida. Até mesmo o excesso de confiança pode ser uma atitude desaconselhável durante um trânsito de Júpiter que se manifeste de forma desfavorável.

Este ciclo se repetirá a cada 12 anos, e cada regresso de Júpiter provavelmente será lembrado sempre como um momento marcante da vida, ligado aos processos de crescimento e expansão das qualidades, ou então à incapacidade de estabelecer limites e parâmetros razoáveis para planos e projetos.

Saturno: percorre um signo a cada dois anos e meio, em média, e tem um ciclo de retorno a cada 29 anos aproximadamente; seu primeiro retorno desde o nascimento de uma pessoa se dá entre 29-30 anos de idade, simbolizando a entrada definitiva no mundo adulto, mundo este no qual ela se vê inserida com alguma relutância desde que completa 21 anos. Existem textos muito interessantes abordando os diversos desdobramentos do primeiro retorno de Saturno.

Uma vez que esta volta acontece aos 29 anos, existe um outro movimento marcante nos trânsitos cronológicos de Saturno, que são as etapas em que ele se posiciona a um ângulo de 90° (Quadratura) do seu ponto de origem no mapa de cada um. Tais etapas acontecem a cada sete anos e alguns meses, ou seja, a cada 1/4 de volta que ele percorre no cinturão zodiacal.

Como Saturno está associado à responsabilidade e à maturidade, a primeira etapa desses ciclos de 90° acontece por volta dos sete anos de idade, quando a criança deixa de ver a vida como uma diversão e começa a ter noção das suas primeiras responsabilidades: a escola deixa de ser uma brincadeira e começa a cobrar desempenho, comportamento adequado e o cumprimento de deveres; algumas ilusões da vida infantil se quebram e desaparecem, e a criança passa pela primeira etapa do processo de amadurecimento.

A segunda etapa ocorre entre sete e oito anos depois, no meio da adolescência (14-15). A essa altura, Saturno se encontra em Oposição (180° de ângulo) ao ponto que ocupava no momento do nascimento da pessoa. A rebeldia característica dessa idade, a resistência às outras responsabilidades que a sociedade e a família pretendem impor ao adolescente já são suficientes para caracterizar mais uma etapa dos ciclos de crescimento e amadurecimento relacionados a Saturno.

A terceira etapa da translação de Saturno acontece entre 21-22 anos. A psicologia e a psicanálise têm um termo específico e muito adequado para designar esta fase da vida: "jovem adulto". O termo é uma soma das contradições dessa etapa da existência: já somos adultos do ponto de vista biológico, mas ainda nos sentimos jovens do ponto de vista psicológico e lutamos com todas as forças para não entrar no mundo adulto. Nesta altura, Saturno completou

3/4 da sua volta zodiacal e se encontra novamente a 90° de ângulo (Quadratura) em relação à sua posição original.

A última etapa, o famoso "retorno de Saturno", se dá em torno dos 29-30 anos, quando ele completa um ciclo inteiro de translação e retorna à área onde se encontrava quando do nascimento da pessoa. Daí em diante estes ciclos se repetem a cada sete anos, até a proximidade dos 58, 59, 60 anos, quando ele completa sua segunda volta no zodíaco e a pessoa começa a ser tratada como "idosa".

É interessante reparar que o segundo retorno coincide de forma quase exata com o quinto retorno de Júpiter, este acontecendo também entre os 59-60 anos. Mais uma vez os dois "irmãos" marcando etapas importantes da vida.

Urano e Netuno: o planeta Urano completa um retorno zodiacal a cada 84 anos, percorrendo cada signo em aproximadamente sete anos. Seus ciclos mais marcantes são a Oposição que forma à sua posição original entre os 41-42 anos, e o retorno ao ponto original aos 84.

Netuno fica aproximadamente 13-14 anos em cada signo e completa uma volta no zodíaco em 165 anos; portanto, forma uma Quadratura (90°) à sua posição original entre os 41-42 anos.

Justamente por causa da sincronicidade entre dois ciclos importantes desses dois planetas, eles foram colocados juntos nesta explicação. A chamada "crise dos 40", quando temos numerosos questionamentos sobre o passado e o futuro, tem um significado muito especial dentro da visão astrológica, e é o resultado da combinação de um ciclo de 90° (Quadratura) de Netuno em relação à sua posição natal e um ciclo de 180° (Oposição) de Urano em relação à sua posição original.

Urano vem manifestar a última reserva de rebeldia e inconformismo, de renovação e inquietação, tentando mostrar que, apesar de se perceber que a idade começa a se fazer sentir no dia a dia, ainda existe uma centelha de juventude e de resistência ao *status quo*. Há também uma resistência à chegada da meia-idade e tenta-se mostrar de todas as maneiras possíveis que ainda existe a possibilidade da mudança e da transformação.

Netuno se manifesta por meio da quebra de uma série de ilusões que podem ter sido alimentadas até essa altura da vida, e que de repente começam a se esvaecer como fumaça ou como alguma substância se dissolvendo na água. Há uma constatação de que nem todos os sonhos são possíveis, e começa-se a abrir mão de alguns deles, não sem um sentimento de tristeza e até de impotência em relação à dura realidade que parece surgir por trás da espessa neblina que agora se desfaz.

É assim que se consegue compreender por que a "crise dos 40" tem uma correlação muito específica com esses dois embaixadores da galáxia, dois planetas que representam porções muito especiais da nossa natureza: o lado rebelde e o lado sonhador. E entender que esse momento de inquietação e de desilusão tem uma conexão com ciclos de prazo extenso na cronologia da vida.

Plutão: Plutão completa um ciclo de translação a cada 248 anos, e por causa disso seu ciclo cronológico mais significativo também ocorre por volta dos 40 anos, quando completa 1/4 de volta no zodíaco e forma um ângulo de 90° (Quadratura) em relação à sua posição original no horóscopo. Por essa razão, Plutão também faz parte do conjunto de experiências da chamada "crise dos 40". Mas, como ele tem uma órbita muito elíptica, seu tempo de passagem em cada signo varia muito, embora o movimento de translação total seja regular: em alguns signos, ele demora 30 anos para passar, enquanto em outros, esse tempo pode se reduzir à metade.

Por essa razão, algumas gerações podem experimentar essa passagem ao redor dos 40 anos, enquanto outras a experimentam um pouco antes, por volta dos 37-38 anos, ou mesmo um pouco depois, já chegada a casa dos 40.

Nos dias atuais, em função da irregularidade da sua trajetória zodiacal, as últimas gerações têm experimentado a primeira Quadratura de Plutão ao seu ponto natal em torno dos 37-38 anos, funcionando, portanto, como um "aquecimento" para os ângulos que Urano e Netuno vão formar em seguida, dando origem à "crise dos 40".

Se contarmos a partir da sua entrada no signo de Leão em 1939, pouco depois do seu avistamento pela comunidade astronômica, a passagem de Plutão em cada signo teve ou vai ter a seguinte duração: 19 anos no signo de Leão (1939-1958), 14 anos no signo de Virgem (1958-1972), 12 anos no signo de Libra (1972-1984), 13 anos no signo de Sagitário (1984-2008), 16 anos no signo de Capricórnio (2008-2024), 20 anos no signo de Aquário (2024-2044) e 24 anos no signo de Peixes (2044-2068).

OS TRÂNSITOS PESSOAIS

Como já explicado, os trânsitos planetários são a parte mais perceptível e importante dos ciclos de vida e o principal ponto de referência nos momentos marcantes da existência, sejam os momentos de plantar sementes ou de colher frutos.

Normalmente só se levam em consideração os trânsitos planetários a partir de Júpiter, pois as passagens dos outros planetas são rápidas demais, e embora possam explicar determinadas fases por que alguém passa, têm uma duração muito mais curta do que os trânsitos dos planetas lentos, e por isso um impacto mais passageiro. Vamos enumerar as características básicas e os tipos de experiências que provavelmente serão vividas de acordo com os planetas que estejam transitando de forma marcante no mapa de uma pessoa. É sempre bom lembrar que os planetas e as casas natais por onde estejam transitando os planetas no céu do momento que se estuda darão um foco mais específico sobre a natureza da experiência que se poderá experimentar nestes ciclos.

Júpiter: trânsitos de Júpiter em aspectos fluentes sempre apresentam oportunidades de expansão, de crescimento pessoal e intelectual, momentos de grande confiança no futuro, de viagens de longa distância, de especializações acadêmicas e interesses filosóficos, religiosos e metafísicos. O otimismo é a principal sensação durante um ciclo fluente de Júpiter, e a energia da autoconfiança parece transbordar por todos os poros.

Trânsitos tensos de Júpiter poderão tornar as pessoas excessivamente confiantes, e por isso desleixadas em relação a cuidados básicos que deveriam e poderiam tomar; os excessos de todo tipo também estão dentro da perspectiva deste tipo de ciclo, portanto é sempre a hora de exercitar a moderação de forma ampla e de cuidar de detalhes que possam causar prejuízo no futuro.

O chamado "Grande Benéfico" dos astrólogos da antiguidade pode ser realmente benéfico se soubermos canalizar o seu potencial para um crescimento sadio dos seus objetivos de vida e moderar a sua atuação no momento em que estivermos passando por seus aspectos tensos.

Saturno: trânsitos fluentes de Saturno evidenciam fases de consolidação e concretização de esforços anteriores, reconhecimento público e profissional; em suma, momentos de solidez e firmeza na vida. São ciclos em que a pessoa se sente bem "plantada" no mundo, com uma sensação de segurança e de dever cumprido, desfrutando do reconhecimento tão ansiado pelo planeta dos anéis. A característica consolidadora de Saturno certamente propiciará momentos de realização e satisfação com as conquistas durante seus trânsitos fluentes.

Trânsitos tensos de Saturno serão sentidos como particularmente "pesados", porque a natureza do que será experimentado por meio das características principais acabará sempre resultando em uma postura de cobrança em relação a tudo que for negligenciado, a tudo que poderia ter sido feito e não foi, e aquele sentimento de tristeza e de desânimo decorrente dessa constatação costuma cair sobre nós de forma contundente.

Uma expressão muito comum para caracterizar o papel que Saturno desempenha nos nossos ciclos é a de que ele é o planeta do "dever de casa": se cumprimos bem os nossos compromissos e respeitamos os prazos que nos são dados, não há o que temer durante seu trânsito; mas se estivermos adiando tarefas, retardando prazos (sempre lembrando que Saturno é o próprio tempo), a foice implacável, que é um dos símbolos deste planeta, virá certeira nos fazer passar por alguma experiência de restrição, limitação, interrupção…

O final, o encerramento, o desfecho de qualquer tipo de experiência na vida também poderá ser determinado por um trânsito saturnino, já que este planeta determina os limites e os finais de tudo. Um dos nomes poéticos de Saturno é "O Senhor das Fronteiras".

Urano: ciclos fluentes de Urano sempre trazem ímpetos de renovação, de impulso para o futuro, para o novo, para o inesperado, para o diferente do habitual. A inquietação e a insatisfação com o repetitivo e o acomodado sempre sofrem um impacto marcante quando se tem um trânsito de Urano "alfinetando". É o momento de renovar, de deixar o passado para trás, de olhar para frente e promover as mudanças que vêm sendo adiadas.

O regente do signo de Aquário está sempre buscando arejar e oxigenar a vida, propondo atitudes de saudável inconformismo e inovação. Um provérbio popular resume bem essa condição e remete a uma das mais famosas bandas de rock de todos os tempos, que afirma que "pedra que rola não cria limo".

Já os trânsitos tensos de Urano nos deixam com a sensação de "rebeldes sem causa": os radicalismos nas atitudes e decisões costumam se manifestar de forma acentuada durante esses ciclos. É sempre recomendável esperar que termine a influência de um trânsito tenso de Urano quando se precisa tomar decisões importantes e que impliquem em rupturas e renovações radicais na vida.

Um outro dito popular que pode ser aplicado aqui fala sobre "queimar pontes e navios". Muitos colonizadores das Américas, que partiram da Europa em direção ao Novo Mundo, mandavam queimar seus navios assim que aqui chegavam, deixando clara sua intenção de não retornar ao país de origem. Se alguns deles tivessem Urano em posição de tensão no mapa natal, certamente teriam se arrependido da sua atitude radical quando as coisas começaram a dar errado por aqui.

Netuno: trânsitos fluentes de Netuno trazem inspiração, criatividade, espiritualidade, compaixão e a possibilidade de se alcançar níveis nunca experimentados de êxtase e percepção extrassensorial. Para os envolvidos com questões ligadas tanto à espiritualidade como ao trabalho voluntário e assistencial serão sempre momentos de imensa satisfação e sentimento de comunhão com o mundo e com a vida. A inspiração criativa, outra característica marcante da natureza netuniana, estará em seu momento mais abundante quando Netuno estiver transitando por algum ponto importante do mapa.

Trânsitos tensos de Netuno afastam de forma alienante o lado objetivo da vida, promovendo fuga da realidade de todas as formas possíveis e recomendando cuidado com quaisquer tipos de dependência, seja química, emocional, física ou espiritual. É o momento em que se instala um nevoeiro à frente, e por isso toda avaliação da realidade objetiva será distorcida pela imaginação ou pelo medo. A ilusão e a consequente desilusão em um ponto seguinte também são riscos que devem ser reconhecidos e evitados durante um trânsito tenso de Netuno.

Plutão: trânsitos fluentes de Plutão serão sempre momentos de grande poder pessoal, de um enorme magnetismo e de grande capacidade de renovação e transformação interior. Processos inconscientes afloram e permitem ter acesso a áreas antes desconhecidas.

Para os processos terapêuticos, é sempre um ciclo muito rico e profundo. Plutão traz materiais originados nas profundezas menos conhecidas e promove experiências de fortalecimento pessoal que podem alcançar todas as áreas da vida.

Trânsitos tensos de Plutão representam fins de etapas importantes, perdas, transformações que acontecem à revelia e geralmente de forma traumática. Nunca é recomendável resistir aos impulsos renovadores de Plutão, pois a mudança necessária virá, quer se queira, quer não. Será sempre melhor aceitar o inevitável e se preparar para viver um processo de "descida aos infernos", assim como para a ressurreição subsequente. Para a semente se transformar em planta e depois em folhas, flores e frutos, ela precisa morrer. Mortes e renascimentos, sejam eles meramente simbólicos ou assustadoramente reais, fazem parte dos ciclos regidos por Plutão.

A Revolução (ou Retorno) Solar

Outra técnica bastante utilizada atualmente, a revolução solar ou retorno solar, é o mapa do aniversário a cada ano que passa. Ela tem um sentido simbólico e outro bem objetivo: por um lado, é o símbolo do renascimento anual, celebrado por meio da comemoração do aniversário. Além disso, o mapa calculado para cada retorno solar traz diferenças em relação ao mapa de nascimento, diferenças essas que fornecem pistas para se entender o que será no ano que se inicia a cada passagem de aniversário.

Na verdade, o "réveillon" se dá no dia do aniversário, e não no 31 de dezembro. O ano começa no dia seguinte ao dia em que se completa mais um ano de vida. Dessa forma, o mapa da revolução solar fornece as pistas do "ano-novo".

O ponto de referência para a astrologia, como se deduz do nome do estudo, é a volta do Sol ao local exato onde ele estava na data do nascimento. Neste sentido, o que importa para o estudo astrológico é o ponto de longitude zodiacal em que o Sol se encontrava na hora exata do nascimento, em graus e minutos.

Por causa das pequenas irregularidades do ano solar em relação ao ano civil, entre elas aquela que faz com que o ano tenha um pouco mais de 365 dias e que resulta na inserção de mais um dia em fevereiro a cada quatro anos (bissexto), a volta do Sol a seu ponto de origem a cada ano ocorre numa hora (e eventualmente até em um dia a mais ou a menos) diferente da data de nascimento. O mapa da revolução solar é calculado para o momento em que este retorno acontece; como o horário quase nunca coincide com o do nascimento, produz-se um mapa diferente do mapa natal.

É claro que o mapa já seria diferente do mapa natal por causa da localização dos planetas lentos, porque, como já foi explicado, pode-se viver até um retorno de Urano (84 anos), mas nunca até um retorno de Netuno (165 anos) ou de Plutão (248 anos), pelo menos enquanto a expectativa de vida não superar tamanho obstáculo.

Portanto, o ponto fundamental da revolução solar é a localização exata do Sol no mesmo ponto em que ele se encontrava na data do nascimento. Os planetas rápidos

(Lua, Mercúrio, Vênus e Marte) poderão eventualmente até repetir as posições de signo e até mesmo de grau do mapa natal, e podemos incluir aqui também a repetição das posições de Júpiter (a cada 12 anos), de Saturno (a cada 29 anos) e, no máximo, de Urano (no aniversário de 84 anos).

É também possível, embora não muito frequente, que o retorno solar aconteça em um horário muito próximo ou até mesmo igual ao do mapa natal, e neste caso o Ascendente também será o mesmo do nascimento. Mas o mais comum é que se tenha a cada ano um Ascendente diferente no mapa da revolução solar. Quando existe a repetição do Ascendente natal no mapa do retorno solar, pode-se esperar que o ano que se inicia seja uma espécie de *turning point*, um ano de final de ciclos e início de uma nova fase na vida da pessoa.

No caso mais habitual dos retornos solares, ganha-se um Ascendente diferente a cada ano, e com isso toda uma colocação diferenciada dos planetas nos signos (com a óbvia exceção do Sol) e nas casas zodiacais. Deve-se olhar esse mapa quase como um mapa natal, interpretando o novo Ascendente como o horizonte que se apresenta naquele ano que está se iniciando e que vai reger todo o período, até que chegue o próximo aniversário. Por exemplo, com o novo Ascendente, o Sol também estará localizado numa casa zodiacal diferente da do mapa natal, e somente a sua posição na "nova" casa já permitirá que se entenda que os assuntos relativos à casa em que ele se encontrar na revolução solar estarão mais proeminentes durante aquele ano que começa.

A revolução solar fica ainda mais rica quando interpretada junto com as direções simbólicas, as secundárias e os trânsitos planetários. Ela costuma ser uma espécie de síntese dos ciclos por que se está passando em todos estes diferentes estudos. Da mesma forma que as direções e os trânsitos fornecem um verdadeiro cronograma dos meses à frente, a revolução solar fornece um panorama mais amplo e ao mesmo tempo uma síntese do que se pode esperar, do ponto da vista das casas e signos astrológicos mais ou menos valorizados no mapa de cada ano.

Um detalhe técnico, já mencionado, mas que merece maior explicação: por causa da variação esclarecida anteriormente na questão do ano bissexto e que resulta na mudança de horário do retorno solar a cada ano, existe também a possibilidade de que, em alguns aniversários, a revolução solar caia um dia antes ou depois do dia do aniversário, de acordo com o calendário civil. Isso será mais provável de acontecer com pessoas que tenham nascido muito próximas da meia-noite, quando ocorre a mudança de um dia para o outro. Por esta razão, ou seja, pelo fato de a pessoa ter nascido perto da mudança do dia, a posição do Sol também poderá cair em um ou outro dia quando for feito o cálculo do retorno solar para um determinado ano. Em casos muito raros, o retorno poderá acontecer até dois dias antes ou depois do dia de nascimento, mas isso é apenas um detalhe técnico, sem nenhuma implicação simbólica.

Mais um detalhe técnico: o mapa do retorno solar deverá ser calculado para a cidade onde a pessoa passou ou vá passar o aniversário. Caso a celebração ocorra na própria cidade onde a pessoa nasceu, basta repetir esta informação na hora de se proceder ao cálculo do mapa. Se por acaso a pessoa for passar ou tiver passado o aniversário em um local diferente daquele em que nasceu, o mapa do retorno solar deverá ser calculado para a latitude e a longitude do local em questão. Se for uma cidade muito distante da cidade natal, em outro hemisfério ou em outro fuso horário, haverá uma mudança significativa nas posições das casas zodiacais, embora a relação angular entre os planetas não seja alterada. Se for uma cidade a menos de 100 km de distância, as mudanças serão muito pequenas ou até mesmo irrisórias.

É um detalhe que pode parecer insignificante, ou, ao contrário, complexo, mas a lógica é bem simples, como se verá no exemplo a seguir: nasci no Rio de Janeiro, mas passei o meu aniversário do ano de 1976 em Londres. Por causa disso, esta informação precisou constar na hora de digitar os dados relativos ao mapa do retorno solar. Como existe uma diferença de três horas entre Londres e o Rio de Janeiro, o momento de retorno do Sol à posição zodiacal de nascimento aconteceu às 06:24h do dia 30 de agosto de 1976 no Rio de Janeiro, e às 10:24h do mesmo dia em Londres (neste caso são 4 horas de diferença por causa da adoção do horário de verão na Inglaterra).

Com essa diferença, no caso do mapa calculado para o Rio, o Sol se levantou no horizonte (06:24h), e, portanto, ocupou a Casa 12 do mapa da revolução solar. No caso do mapa levantado para Londres, o Sol já estava bem mais alto no horizonte (10:24h), e, portanto, ocupando a Casa 11 do mapa. Se formos consultar o capítulo sobre as casas zodiacais, vamos perceber a diferença significativa que há entre ter o Sol na Casa 11 ou na Casa 12, seja no mapa natal ou no mapa de retorno solar.

Este procedimento do estudo do retorno solar já se tornou tão conhecido e aplicado nas consultas astrológicas, que existem consulentes que encomendam um estudo prévio ao seu astrólogo para que localize uma cidade mais recomendável para passarem o aniversário.

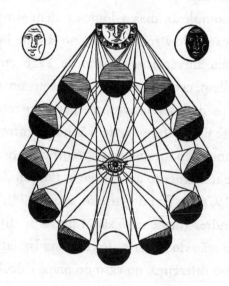

CAPÍTULO OITO

Sinastria: O Estudo dos Mapas Combinados

Outra técnica muito interessante, cada vez mais conhecida e utilizada nos estudos astrológicos, é a que se chama *sinastria*. Até alguns anos atrás, a palavra ainda não constava dos dicionários de língua portuguesa, mas é fácil compreender a sua etimologia, originária do grego: *sin* significa união, simultaneidade, "ação conjunta", e *astria* é relativa aos astros, portanto sinastria é o estudo da "ação conjunta dos astros". O estudo serve para se fazer comparações entre dois mapas astrológicos e avaliar os graus de compatibilidade e incompatibilidade entre eles.

Os Mapas Compostos

Existem diversas técnicas para se analisar uma sinastria: a primeira delas é a dos mapas compostos, nos quais se faz literalmente a média aritmética entre as posições dos planetas dos dois mapas em questão e se levanta um terceiro mapa. Este tipo de procedimento se chama "pontos médios". O resultado é sempre interessante e rico quando se levanta um mapa composto de pontos médios, entretanto surge uma terceira entidade — o mapa resultante. Como neste caso os dois mapas "desaparecem" com o surgimento do terceiro, não costuma ser uma técnica muito utilizada justamente por essa razão. A maioria dos astrólogos prefere analisar a interação dos horóscopos estudados a criar esse terceiro mapa.

Assim sendo, vamos nos debruçar sobre o estudo que pode ser feito por meio da manutenção dos mapas individuais e analisar de que forma é possível compreender melhor o relacionamento entre dois horóscopos.

As Sinastrias

O estudo da sinastria pode ser aplicado a qualquer tipo de avaliação de compatibilidade que se queira fazer. Os mais procurados são os estudos de pais e filhos, casais (namorados, esposos) e sócios (ou parceiros comerciais). Seria difícil e arriscado afirmar qual dos três tipos de estudo é mais solicitado, porque todos eles refletem interesses específicos e importantes, mas o estudo da compatibilidade de pais e filhos talvez seja o mais procurado, seguido de perto pelo dos casais e depois pelo dos sócios. Para cada tipo de abordagem será necessário um olhar específico sobre determinados pontos dos horóscopos individuais (casa, signos, planetas etc.). Vamos detalhar em seguida como são feitas essas diferentes abordagens.

PAIS E FILHOS

Tal estudo envolve um trabalho cuidadoso de análise dos mapas envolvidos. O primeiro passo seria o de se estudar a posição do Sol e da Lua no mapa do filho, para que se tenha inicialmente uma noção da imagem que este filho poderá ter dos pais. Já foi dito que o Sol e a Lua do nosso mapa indicam o "filtro" através do qual tenderemos a olhar e perceber nosso pai (Sol) e nossa mãe (Lua). Os relacionamentos angulares que estes luminares formarem com outros planetas do mapa, ou mesmo (e principalmente) entre si, também poderão nos dar pistas de como o filho percebe a relação existente entre ele próprio e os pais. Outro ponto a ser considerado no mapa do filho será a condição da Casa 4, que é o símbolo do núcleo familiar.

Depois de consideradas essas premissas básicas, partimos para o estudo das relações angulares que se formam entre os dois mapas. Neste ponto, passa-se à avaliação que será feita também nos outros tipos de estudo, ou seja, do relacionamento propriamente dito entre os planetas dos dois mapas, mas em cada caso a ênfase recairá sobre planetas que digam respeito ao tipo de relacionamento que está sendo avaliado.

É óbvio que, inicialmente, procura-se verificar os ângulos formados entre os planetas pessoais. Vamos a um exemplo:

se existe uma queixa de dificuldade de comunicação entre mãe e filha, deve-se verificar qual a relação existente entre o planeta Mercúrio de ambas, uma vez que é ele o responsável pela nossa capacidade (facilidade ou dificuldade) de comunicação. Em seguida, verifica-se também qual o tipo de angulação formada entre a Lua de ambos os mapas e os outros planetas pessoais, porque a Lua rege a nossa intimidade, a nossa sensibilidade emocional.

O estudo de compatibilidade entre pais e filhos talvez seja o que demande mais atenção a detalhes por parte do astrólogo, e também o mais abrangente e completo, pelo simples fato de que aqui está em questão um tipo de relacionamento fundamental e que envolve a colocação, idealmente falando, de todos os planetas de cada horóscopo. É muito importante quando não se está fazendo um estudo de mapas compostos, porque se mantém a noção da individualidade e se pode, ao mesmo tempo que se avalia o nível de compatibilidade dos dois consulentes, avaliar o funcionamento de cada mapa individualmente.

Explicando melhor: se constatamos que um pai ou um filho já traz no seu mapa natal um aspecto qualquer que evidencie uma dificuldade básica de comunicação, chegaremos à conclusão de que tal dificuldade se manifestará em todos os tipos de relacionamento que a pessoa estabeleça, e não apenas no relacionamento com o pai ou a mãe. Neste caso é importante que se ressalte e enfatize essa questão, que deixará de ser um assunto da relação pai-filho e passará a ser considerada um tema fundamental a ser pesquisado de forma institucional no mapa.

A abrangência e a amplitude de um estudo de sinastria de pais e filhos existem precisamente porque essa relação se constitui num microcosmo de todas as relações que os filhos estabelecerão. É por isso que se recomenda que tal estudo seja feito de forma bastante cuidadosa e criteriosa. No fim das contas, todas as injunções existentes nos dois mapas deverão ser levadas em consideração, mas principalmente as que se estabelecem entre os planetas pessoais e os demais pontos do mapa.

Outra demonstração da amplitude desse estudo acontece nos casos em que um filho, por exemplo, tem uma configuração saudável e estimulante do planeta Marte em seu horóscopo e ao mesmo tempo se percebe que a relação de sinastria entre este Marte e o mesmo planeta no mapa do pai produz uma tensão. A conclusão é que o filho saberá se posicionar de forma afirmativa e incisiva nas questões em que esta energia seja necessária na sua vida "exterior", mas viverá sempre uma espécie de "choque de vontades" com o pai, já que seus Martes se encontram em posições tensas no estudo da sinastria.

Talvez nem fosse necessário afirmar algo tão óbvio, mas é claro que a avaliação do relacionamento dos planetas pessoais deverá sempre ser o ponto de partida desse estudo. Além do Sol e da Lua, pelas razões há pouco mencionadas, todos os planetas pessoais, no seu relacionamento mútuo e na angulação com os outros planetas do mapa, deverão ser levados em consideração: a posição dos Vênus para se entender o nível de afeto que existe entre ambos, a posição das Luas para avaliar o grau de relacionamento mais íntimo no âmbito familiar, a posição dos Mercúrios para se ver a capacidade de comunicação de ambos, a posição dos Martes para se entender como funcionam as vontades pessoais, e assim por diante.

Não cabe um estudo de reciprocidade entre os planetas lentos, principalmente com os três "embaixadores da galáxia" (Urano, Netuno e Plutão), mas, por exemplo, as relações de Júpiter e Saturno com seus equivalentes no mapa dos filhos poderão dar algumas pistas de como elas se estabelecem. Por volta do segundo retorno de Júpiter (24 anos de idade), alguns de nós já poderão estar vivendo a experiência da paternidade ou maternidade, como também por volta do primeiro retorno de Saturno (29 anos).

De qualquer forma, excetuando-se o estudo de reciprocidade entre Uranos, Netunos e Plutões, todas as relações angulares que estes planetas estabeleçam com planetas pessoais do mapa deverão ser levadas em consideração. Tanto os aspectos tensos quanto os fluentes trarão dicas e pistas importantes para o entendimento do relacionamento que se está estudando, de acordo com a natureza básica de cada um desses planetas.

CASAIS

No caso do estudo de casais, sejam namorados, noivos, cônjuges ou companheiros, já existem focos mais específicos de avaliação do que no estudo de pais e filhos, muito mais extenso e abrangente. Vamos detalhar esses focos.

Em primeiro lugar, verifica-se a localização dos signos solares, para que se tenha uma noção de como são formadas as duas individualidades que pretendem desenvolver uma parceria de natureza afetiva. Se os Sóis estiverem em signos compatíveis, de saída já se estabelece uma noção da afinidade fundamental que norteia o relacionamento. Isto significa que, se os Sóis estiverem em signos em que formem Conjunção, Sextil ou Trígono entre si, já existe uma linguagem comum que facilitará o entendimento do casal. No caso de signos que se localizem em ângulos de Quadratura ou Oposição, sabe-se que poderá haver uma dificuldade mais acentuada na relação, mas este ponto de partida não precisa necessariamente ser um fator de impedimento, como se verá.

Aqui cabe uma observação importante para o estudo da sinastria de casais: pontos de oposição nos respectivos mapas poderão indicar algum tipo de conflito inicial, mas se os parceiros souberem utilizar essa tensão de forma madura, existirá na Oposição uma perspectiva de complementação que só terá utilidade no caso de parcerias de natureza afetiva. Isto quer dizer que o aspecto de Oposição poderá representar uma expectativa de integração entre pontos aparentemente conflitantes porque opostos. Especialmente na sinastria de casais, a Oposição pode simbolizar uma possibilidade de integração e complementação.

A Casa 7, o campo de experiência por excelência das parcerias estabelecidas na vida, é outro ponto fundamental no estudo da sinastria de casais. Planetas de um parceiro que se localizam na Casa 7 de outro serão sempre indicadores desta complementação, que também é simbolizada pela Oposição, conforme acabamos de mencionar. Só que no caso específico da Casa 7 essa localização representa especialmente aquilo que se busca no outro, que se espera encontrar no parceiro. O caso mais típico e estimulante dessa localização é quando se encontram planetas que digam respeito à identidade (Sol), à afetividade (Vênus), à sensibilidade (Lua), nas respectivas Casas 7.

É claro que a localização da Lua no mapa de ambos, tanto nos seus aspectos de reciprocidade quanto na relação angular com os demais planetas do mapa, também será de fundamental importância, porque a Lua rege tudo que diz respeito às relações de natureza íntima.

Outros dois planetas muito importantes na sinastria de casais são aqueles que dizem respeito à questão da compatibilidade sexual, ou seja, Vênus e Marte. Aspectos fluentes entre os respectivos Vênus e Marte, em ambos os mapas, serão sempre indicadores de uma boa química sexual, fator de grande importância e atração em uma relação amorosa. Embora Marte represente o arquétipo masculino e Vênus o feminino, percebe-se que, mesmo que haja uma inversão dessas localizações, ou seja, um bom aspecto entre Marte no mapa da mulher e Vênus no do homem, a configuração produzirá um resultado favorável para ambos. Certamente os ângulos de Conjunção, Sextil e Trígono entre estes dois planetas serão os mais fortes e intensos, pela facilidade no intercâmbio das energias que tais ângulos representam.

Outro fator de importância para o bom entendimento de casais diz respeito à localização de Marte no mapa da mulher e de Vênus no mapa do homem. Dizem os estudiosos que a localização — principalmente em termos de signo — de Marte no mapa da mulher representa uma espécie de arquétipo do homem ideal para ela, e a mesma situação acontece em relação à localização de Vênus no mapa do homem. Se houver uma Conjunção de qualquer planeta regente ou planeta pessoal com tais pontos no mapa de cada um, mais um ponto extremamente favorável de entendimento foi encontrado.

Embora os planetas lentos não sejam fundamentais no estudo inicial de uma sinastria, quaisquer aspectos que eles formem com planetas pessoais ou com planetas regentes nos respectivos mapas de parceiros afetivos deverão ser levados em consideração. Vamos ver alguns exemplos:

★ Júpiter sempre é um fator de entusiasmo e motivação quando forma ângulos fluentes com planetas pessoais, e é um fator de falta de limites e excessos de todo tipo quando forma ângulos tensos com estes mesmos planetas;

★ Saturno representa um fator de consolidação, maturidade e fidelidade às responsabilidades de uma relação afetiva quando forma ângulos fluentes com os planetas pessoais, e um fator de bloqueios, cobranças e julgamentos quando forma ângulos tensos;

★ Urano simboliza um elemento de sadia inquietação, renovação e inovação quando forma ângulos fluentes com os planetas pessoais, e um elemento de rebeldia, ruptura dos padrões e excentricidades quando forma ângulos tensos;

★ Netuno pode representar uma ligação idealizada, telepática e espiritual quando forma ângulos fluentes com os planetas pessoais do parceiro, e um fator de ilusões, mentiras e até mesmo de infidelidade quando forma ângulos tensos;

★ Plutão é um indicador de vínculos sexuais e emocionais intensos, profundos e instintivos quando forma ângulos fluentes com os planetas do mapa do parceiro, e um indicador de desconfianças, ciúmes exagerados e obsessões quando forma ângulos tensos.

Embora o estudo de compatibilidade entre casais também tenha uma leitura muito abrangente, existe um foco mais específico, que diz respeito à afetividade, à sexualidade e ao entendimento mútuo. Portanto, questões relativas aos planetas que sejam responsáveis por estas áreas (Lua/Vênus,

Vênus/Marte e Mercúrio, respectivamente) deverão ser o objetivo da leitura.

SÓCIOS E PARCEIROS DE NEGÓCIOS

A sinastria de sócios e parceiros de negócios envolve pontos ainda mais específicos do que os estudos anteriores, já que é uma associação com propósitos de natureza comercial/ empresarial. Por esse motivo, os pontos a serem buscados também se encontram dentro de uma área mais determinada do universo astrológico. Vamos a eles.

No que diz respeito aos planetas, o foco principal cairá sobre Mercúrio, o regente do comércio e dos contratos e acordos; Júpiter, o regente das questões legais e dos projetos de expansão e crescimento; e Saturno, o regente do sucesso profissional e da carreira.

Em relação às casas astrológicas, devemos estar atentos a quatro delas, sem atribuir-lhes um grau de importância, apenas seguindo a ordem natural: a Casa 3, da comunicação, relacionada ao signo de Gêmeos e ao planeta Mercúrio; a Casa 6, ligada ao trabalho, ao relacionamento entre colegas de trabalho e à rotina profissional; a Casa 7, regente das parcerias e associações, já mencionada na sinastria de casais; e a Casa 10, regente da carreira e da projeção social e profissional.

Talvez seja desnecessário reafirmar, mas o ponto de partida de todo e qualquer estudo de compatibilidade é sempre a identificação dos signos solares dos sócios e parceiros.

Embora não seja fator determinante de uma parceria, isto nos dá uma noção da natureza básica de cada envolvido no empreendimento.

Em seguida, verificamos a interação do planeta Mercúrio dos envolvidos, seja em aspectos mútuos, seja em aspectos com outros planetas do mapa. Também é bom lembrar que se deve pesquisar a interação de Mercúrio com todos os planetas do mapa, mesmo os planetas mais lentos, como Urano, Netuno e Plutão. Aspectos fluentes entre eles serão sempre indicadores de boas perspectivas para o negócio, ao mesmo tempo que quaisquer aspectos de dificuldade entre Mercúrio e os planetas citados deverão ser avaliados com muito critério e cautela.

Tensões com Urano poderão fazer com que a parceria tenha dificuldade de se estabilizar e se estabelecer de maneira sólida; tensões com Netuno poderão levar a situações nebulosas e que envolvam fraudes e ilegalidades; e tensões com Plutão poderão conduzir a parceria a situações de confronto, de mau uso de recursos e aplicações financeiras.

É claro que bons aspectos entre Mercúrio e os demais planetas apontados como os principais regentes deste tipo de estudo (Júpiter e Saturno) serão os maiores indicadores de uma boa parceria e de uma perspectiva de sucesso na empreitada. Se tais aspectos ainda estiverem localizados nas quatro casas mencionadas (3, 6, 7 e 10), o reforço das boas expectativas será ainda maior.

Talvez seja neste tipo de sinastria que o mapa composto, mencionado anteriormente na sinastria de casais, tenha a sua maior aplicação e eficácia. A razão para isso se deve ao fato de que, numa parceria de natureza comercial/empresarial, realmente surge uma terceira entidade — a pessoa jurídica resultante da parceria —, que poderá ser compreendida por meio do levantamento do mapa composto dos sócios envolvidos. Este seria o lado simbólico da nova entidade surgida da parceria, e o lado mais objetivo estaria no mapa da entidade jurídica que seria criada para concretizar tal parceria.

O mapa de criação dessa entidade também será posteriormente levado em conta, e neste caso dois eventos deverão ser considerados: a primeira reunião em que se decide a formação da sociedade, e o momento em que acontece o registro da pessoa jurídica na respectiva entidade comercial. Seria bom ter em mãos as datas e horários dos dois eventos para se fazer uma análise mais detalhada do caso.

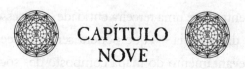

CAPÍTULO NOVE

ASTROLOGIA E CARTOGRAFIA: AS TÉCNICAS DE ASTROLOCALIZAÇÃO

Como vimos no Capítulo 5, onde estudamos o significado das casas astrológicas, existe uma correlação entre a esfera celeste e a esfera terrestre, que resulta no conceito dos campos de experiência a que estas casas correspondem. Este mesmo fundamento se aplica ao conceito da astrocartografia, que procura retratar a projeção dos planetas sobre diversos pontos do globo e entender as diferentes configurações que se formam a partir do "remanejamento" que se faça de um mapa para outras latitudes e longitudes.

Sabemos que, se estivermos em uma latitude muito setentrional ou muito meridional, próxima dos polos, o trajeto do Sol no local onde estivermos terá um desempenho diferente do que ele tem nas latitudes tropicais ou equatoriais, executando um percurso mais próximo ao horizonte, que resulta, inclusive, no fenômeno que nos países nórdicos se chama "sol da meia-noite".

É exatamente tal diferença nos percursos do Sol e dos outros corpos celestes no céu de cada local que dá origem às casas astrológicas e aos conceitos que norteiam a astrocartografia. Embora do ponto de vista do zodíaco o Sol se ache exatamente no mesmo ponto do céu em qualquer local do planeta em que estejamos, a visão do seu trajeto no céu a partir de diferentes locais da Terra estará diretamente relacionada à posição que estivermos ocupando na superfície da esfera terrestre.

Vamos, em seguida, conhecer algumas aplicações que derivam desse conceito da astrocartografia.

RELOCAÇÃO

A maneira mais fácil de se entender este procedimento se dá por meio do processo de relocação de qualquer mapa astrológico. Por exemplo, se uma pessoa pretende mudar sua residência para um outro país, é possível fazer uma análise de como ficarão situados seus planetas no céu do local para onde pretende se mudar.

Atualmente, esses cálculos ficaram superfacilitados pela informática e pelos programas/aplicativos especializados de astrologia, que resolvem a questão em poucos segundos.

Existe uma história muito interessante e emblemática de um cliente que tinha duas ofertas de trabalho em locais bem distintos, em termos de latitude e longitude: Nova York e Londres. Ele é nascido no Rio de Janeiro e estava em dúvida sobre qual dos dois convites aceitar.

Fez-se um estudo de relocação e verificou-se que a mudança para Nova York não acarretaria grandes transformações no seu mapa de origem porque, embora haja uma boa diferença de latitude, esta diferença não é muito significativa em termos de fuso horário (longitude), visto que Nova York fica apenas uma hora "atrás" do Rio de Janeiro.

Já a relocação para Londres evidenciou uma transformação significativa no horóscopo, com um reposicionamento marcante de diversos planetas importantes do seu mapa natal, todos eles enfatizando a projeção e o reconhecimento profissional. Foi-lhe recomendado que aceitasse o convite londrino. Pouco mais de um ano depois de se estabelecer na Inglaterra, o cliente já havia sido premiado em diversos festivais de publicidade e era chefe de todo o departamento de criação da empresa. Radicou-se definitivamente no país e atualmente é um dos sócios da agência.

É interessante notar como a astrologia interage também com a nossa localização espacial sobre o planeta. No caso das relocações, basta deslocar o mapa de nascimento do interessado para a latitude e longitude da cidade para a qual se esteja planejando mudar e verificar como fica a posição dos planetas no novo mapa natal.

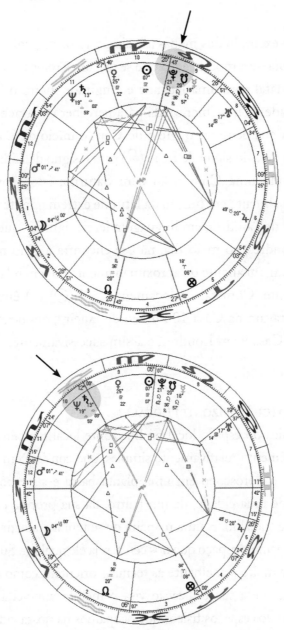

Mapa natal do autor no Rio de Janeiro (no alto)
e relocado para Londres (acima)

No exemplo dos mapas astrais do autor na página anterior, nota-se a modificação que se dá com a relocação de um mapa natal para uma latitude e longitude muito diferente da cidade de nascimento: dá para perceber claramente que a linha que demarca o Meio do Céu (o início da Casa 10) deslocou-se do signo de Leão (♌) para o signo de Libra (♎), formando uma Conjunção com Saturno; isto aconteceu principalmente em função da latitude extremamente setentrional de Londres; em linguagem leiga, significa que o Sol em Londres, ao meio-dia, não se encontra a pino no céu, e sim em um ângulo de aproximadamente 60° em relação ao horizonte. Com tal deslocamento, Sol (☉) e Vênus (♀), que estavam na Casa 10 no Rio de Janeiro, deslocaram-se para a Casa 9 em Londres, e assim sucessivamente.

ESPAÇO (OU HORIZONTE) LOCAL

A técnica do espaço local ou horizonte local também é um procedimento relativamente simples, que consiste em transformar o horóscopo em uma planta baixa e superpô-lo ao mapa de uma cidade, de um bairro, da sua própria casa ou local de trabalho. É uma maneira de se tentar traduzir astrologicamente o espaço que nos cerca, seja ele qual for. Sua aplicação é muito semelhante às técnicas orientais, como o feng shui, já que a sua utilização visa o melhor aproveitamento possível dos espaços físicos que ocupamos na nossa vida.

O princípio básico que fundamenta a técnica é aquele que considera que qualquer local da Terra, cruzado por uma determinada linha planetária, trará em si a natureza e a experiência que diz respeito ao planeta envolvido. Uma analogia que facilita a compreensão deste princípio é imaginarmos que, se ficarmos de pé no meio do nosso mapa de espaço local, teremos as linhas dos 10 corpos celestes cruzando tal espaço, cada uma em determinada direção, como se fosse uma encruzilhada com diversas opções.

Se escolhermos trilhar a linha de Saturno, nos encontraremos com experiências ligadas à natureza do planeta: responsabilidade, esforço, determinação etc. Se trilharmos a linha de Vênus, estaremos lidando com os temas ligados ao prazer, ao afeto, à apreciação artística, e assim por diante.

A riqueza do uso do espaço local reside na diversidade de aplicações que podemos fazer com o mapa: ele pode ser utilizado em qualquer escala, desde como posicionar melhor os móveis no escritório e escolher o lugar ideal do quarto para colocar a cama até onde instalar a linha telefônica da casa ou do local de trabalho.

O procedimento é simples: pega-se a planta do imóvel e coloca-se sobre uma mesa devidamente alinhada com os pontos cardeais (a sugestão é utilizar uma bússola doméstica). Em seguida, o mapa de espaço local impresso em transparência é disposto sobre a planta e assim tem-se a noção exata de onde passam as linhas planetárias.

Dicas e sugestões: nunca instalar linhas telefônicas por onde passa a linha de Netuno, porque neste caso serão constantes os problemas de comunicação; avaliar se não há uma linha de Urano ou Marte passando sobre o local onde ficará a cama, pois a possibilidade de insônia será enorme; procurar colocar a área de lazer da casa (TV, aparelhos de som etc.) próxima à linha de Vênus.

Um outro detalhe interessante do mapa de espaço local: ele é uma estrutura de direções permanentes, que deve ser utilizada cada vez que se muda de cidade ou mesmo de bairro. É como se fosse a planta baixa interior.

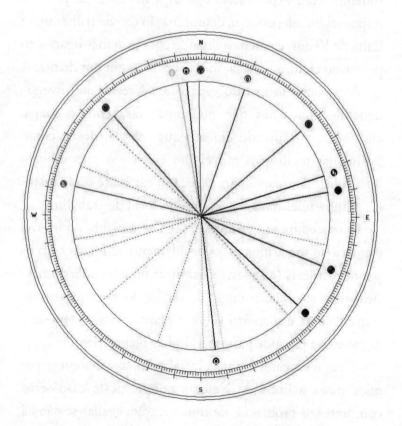

Mapa de Espaço (ou Horizonte) Local do autor

ASTROCARTOGRAFIA

Um mapa de astrocartografia tem a mesma função que o mapa de relocação, com a única diferença de que se tem todo o planisfério (ou algum continente específico) à frente e pode-se visualizar a localização de todas as linhas planetárias simultaneamente, sem precisar levantar o mapa de cada país ou cidade que se deseja estudar. Se eu levanto o meu mapa astrocartográfico (ver página seguinte), sei imediatamente que o planeta Saturno está ocupando o Meio do Céu no meu mapa relocado para a cidade de Londres, porque vejo no planisfério que a linha de Saturno no Meio do Céu passa junto a esta cidade. Claro que se eu quiser estudar o mapa em detalhes, deverei levantar o mapa astrológico relocado, para saber a posição exata de todos os demais planetas.

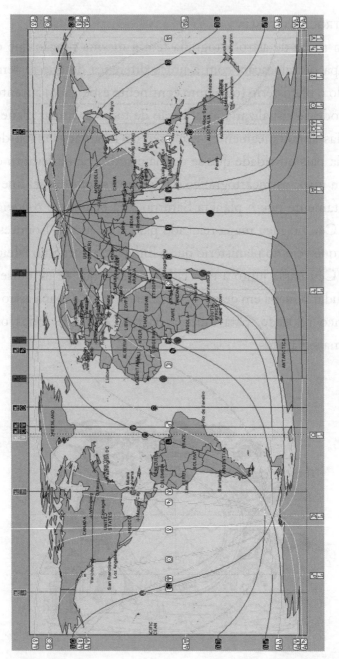

Mapa astrocartográfico do autor

CAPÍTULO DEZ

A ASTROLOGIA IMPESSOAL

Estamos acostumados a associar mapas astrológicos a pessoas, mas, na verdade, o estudo da astrologia pressupõe a tentativa de compreensão do significado simbólico de qualquer evento ocorrido no nosso planeta. Por essa razão, existem outras abordagens do estudo astrológico que não se propõem a analisar o mapa associado ao nascimento de alguém, mas a compreender eventos específicos que explicaremos a seguir.

ASTROLOGIA HORÁRIA

Talvez uma das técnicas mais remotas do conhecimento astrológico, a astrologia horária é a que traz consigo maior conteúdo simbólico e subjetivo, embora suas conclusões sejam sempre carregadas de objetividade. A técnica foi e é muito utilizada na Índia, e tem uma perspectiva eminentemente oracular. Trata-se de fazer uma pergunta para esclarecer uma dúvida, ou para tentar obter respostas para qualquer tipo de questão, até mesmo encontrar um objeto perdido, por incrível que pareça.

Por ser uma técnica antiga, normalmente são utilizados somente os planetas ditos tradicionais; ou seja, os "embaixadores da galáxia" não são levados em consideração no levantamento do mapa. O procedimento é muito simples: faz-se uma pergunta, levanta-se o mapa do momento em que ela foi formulada e procura-se por uma série de indicações que possam responder à dúvida colocada.

As indicações geralmente começam pela análise do signo ascendente, que representa o assunto sobre o qual foi feita a pergunta. Então, de acordo com o tipo de questão, parte-se para se avaliar planetas, signos e casas que tenham relação com a dúvida formulada. Os significados dos planetas, signos e casas explicados nos capítulos anteriores serão os mesmos a serem utilizados na hora de se atribuir as prioridades e ir em busca de uma resposta.

Não cabe aqui entrar em detalhes de como utilizar uma técnica muito específica e que requer uma abordagem mais especializada. A intenção é apenas registrar a existência dela e afirmar que já contamos com bons especialistas no tema, embora ainda se veja pouca utilização da astrologia horária no dia a dia.

ASTROLOGIA ELETIVA

Como o próprio nome já explica, a astrologia eletiva busca escolher (eleger) o momento mais adequado para se promover um determinado evento, seja ele de que natureza for. Normalmente é muito utilizada na marcação de datas para casamentos, batizados, inaugurações e início de todo tipo de empreendimento.

Da mesma forma que no caso das sinastrias, vamos procurar elementos que tenham correlação com o tipo de evento que se pretende promover. Se for uma data a ser escolhida para um noivado ou outro tipo de evento ligado ao campo da afetividade e da emoção, procuraremos os planetas, signos e casas que estejam associados ao universo simbólico correspondente. Em outras palavras, para um casamento, uma celebração de bodas, os planetas ligados à área afetiva e emocional deverão ser os mais considerados. Estamos falando principalmente de Vênus, Lua e Mercúrio.

Os signos e as casas astrológicas também deverão ser levados em consideração segundo os mesmos critérios. O signo de Libra e a Casa 7 sempre serão pontos a serem considerados quando se procura, por exemplo, a melhor data para uma cerimônia de casamento. Um dia em que a Lua esteja formando aspectos de fluidez com um ou mais planetas também será uma boa escolha.

No caso desse tipo de evento, também é recomendável que, ao se encontrar um dia em que as configurações apresentem aspectos favoráveis, se faça um cruzamento entre o mapa da data escolhida e os mapas individuais dos protagonistas do evento, sejam eles namorados, noivos ou companheiros de longa data. De nada adiantaria escolher um belo céu isoladamente, e depois constatar que aquele céu apresentava uma série de tensões com o mapa das pessoas envolvidas.

Como não existem mapas perfeitos e céus sem tensão, será praticamente impossível encontrar também uma data perfeita para um casamento, por exemplo. Aspectos tensos sempre estarão presentes, em maior ou menor quantidade em qualquer mapa. O que se deve fazer é estudar em profundidade os eventuais aspectos tensos que possam existir em uma determinada data e procurar entender como eles podem contribuir para o crescimento pessoal do casal.

Outro tipo de estudo muito procurado para o uso da astrologia eletiva são as inaugurações de toda espécie, sejam aberturas de eventos, festas, ou de estabelecimentos comerciais e empresariais. Mais uma vez o bom senso do astrólogo deverá nortear a leitura dos planetas, casas e signos que sejam representativos do tipo de evento a ser programado. Da mesma forma que na sinastria de sócios, aqui, o foco do estudo também será bastante diferente do mapa eletivo de um casamento. O único ponto em comum será a análise da Casa 7, responsável por todo tipo de associações, sejam as de natureza afetiva, empresarial ou comercial.

Novamente será necessário procurar planetas, signos e casas que digam respeito às sociedades voltadas para o objetivo comercial ou empresarial. Novamente Mercúrio,

Júpiter e Saturno terão protagonismo no estudo a ser feito. Como exemplo, um mapa eletivo de abertura de um negócio ou escritório comercial que tenha Júpiter em Conjunção com o Ascendente ou com o Meio do Céu seria uma bela escolha; é claro que diversos outros fatores teriam que ser considerados, mas se fosse possível ter o planeta Júpiter numa dessas posições seria altamente recomendável e auspicioso.

Uma história muito interessante, que aconteceu com o astrólogo Antonio Carlos "Bola" Harres há alguns anos, diz respeito ao horário em que começaria um show da Rita Lee no Rock in Rio. Como o horário havia sido marcado sem um estudo astrológico prévio, e como circulavam boatos sobre determinadas profecias que teriam sido feitas pelo lendário Nostradamus, Bola fez um levantamento do mapa do início do show, que acabou por tranquilizar os artistas e os promotores do evento em relação às tais profecias (que na verdade nem existiam). Mas ele aproveitou para esmiuçar alguns detalhes da configuração astrológica e previu a possibilidade de um curto-circuito e início de incêndio, que poderia ocorrer durante o show devido a certas configurações tensas de Urano, o planeta da tecnologia e da eletricidade.

Os problemas elétricos aconteceram, e exatamente na hora que ele havia previsto. Os resultados também foram igualmente acertados: houve a pane elétrica, um refletor entrou em curto, soltou faíscas e explodiu, mas ninguém se feriu nem o show foi prejudicado por causa disso.

A astrologia eletiva funcionando na prática!

ASTROLOGIA EMPRESARIAL

A astrologia empresarial vem tendo uma crescente aceitação por parte de executivos, em função dos acertos e da profundidade das análises feitas por profissionais especializados no tema. Talvez seja um dos estudos mais complexos da astrologia e que requer uma expertise maior por parte do profissional que a utiliza. Isto porque ela leva em consideração numerosos elementos astrológicos, alguns de natureza pessoal, como o mapa natal dos líderes da companhia, mas também diversas outras informações, como o mapa de fundação da empresa e os trânsitos astrológicos aplicados a esses mapas, além do estudo dos trânsitos celestes *per se*.

Existe uma pesquisa desenvolvida por especialistas na matéria que faz associação entre determinados trânsitos planetários e as oscilações do mercado de capitais. Estes especialistas já conseguiram identificar e pesquisar certos padrões astrológicos que seriam indicadores de momentos de subida ou descida do preço das ações negociadas em bolsas de valores, e desenvolvem estratégias de compra e venda baseadas nessas pesquisas, com enorme grau de acerto.

Não cabe aqui desenvolver nem aprofundar as técnicas aplicadas, porque variam muito de caso a caso e porque são resultado de estudos bem específicos. Mas devemos lembrar que, como já foi dito, a quantidade de elementos a serem considerados é enorme: além dos mapas já citados e dos estudos ligados ao mercado de capitais, a posição dos planetas lentos, principalmente quando formam ângulos marcantes entre si ou com alguns planetas pessoais, principalmente com Mercúrio e Lua, têm uma importância significativa nas conclusões e decisões a serem tomadas.

O fato é que a astrologia empresarial já possui um número significativo de especialistas no Brasil e no exterior, e um número respeitável de clientes interessados e satisfeitos com os resultados obtidos.

Que tal usar a astrologia empresarial para fechar um bom negócio?

ASTROLOGIA MUNDIAL

Talvez um dos ramos mais fascinantes e abrangentes do estudo astrológico seja o da astrologia mundial, também chamada astrologia coletiva, astrologia política ou astrologia mundana. Ela pode ser desenvolvida e pesquisada de várias maneiras. Vamos a elas.

A primeira forma de se estudar e pesquisar a astrologia mundial é por meio do mapa natal de países ou cidades.

Como qualquer outro evento sucedido na superfície do planeta Terra, o "nascimento" de um país pode ser considerado a partir da sua independência, no caso de ex-colônias como o próprio Brasil, ou a partir de eventos específicos, como a promulgação de uma Constituição ou de uma mudança radical na estrutura política ou social.

As cidades costumam ter bem marcados os momentos que representam a sua fundação, como é o caso do Rio de Janeiro, "nascido" em 1º de março de 1565, e de São Paulo, fundada em 25 de janeiro de 1554, para citar dois exemplos próximos.

Vejamos três exemplos de mapas de países a partir de eventos diferentes, mas todos significativos como representantes do "nascimento" deles:

O Reino Unido (Inglaterra, Escócia, País de Gales e Irlanda do Norte) é o caso do surgimento de um país a partir da promulgação de uma Constituição ou Carta Magna. O mapa do Reino Unido é justamente o do momento da entrada em vigor do *Act of Union*, que uniu os quatro países (o Reino da Irlanda e o Reino da Grã-Bretanha (Inglaterra, País de Gales e Escócia)). Embora tenha sido sancionada pelo rei no dia 2 de julho de 1800, a carta formalizando a união entre os países que compunham as ilhas britânicas entrou em vigor a zero hora do dia 1º de janeiro de 1801. Na página seguinte veremos o mapa do Reino Unido: Sol em Capricórnio, Ascendente em Libra e Lua em Câncer.

A antiga União Soviética é um caso de mapa levantado a partir do movimento revolucionário que derrubou o império dos czares e instituiu a URSS (União das Repúblicas Socialistas Soviéticas), ou seja, o início da revolução bolchevique, em 17 de novembro de 1917, por volta de 17:20h, o que resultou em um horóscopo com Sol em Escorpião, Ascendente em Gêmeos e Lua em Sagitário. O final da URSS e o início da Federação Russa se deu a zero hora de 1º de janeiro de 1992, embora Mikhail Gorbachev houvesse renunciado à presidência no dia 25 de dezembro de 1991. A nova Federação Russa, ou simplesmente Rússia, tem o Sol em Capricórnio, o Ascendente em Libra e a Lua em Escorpião.

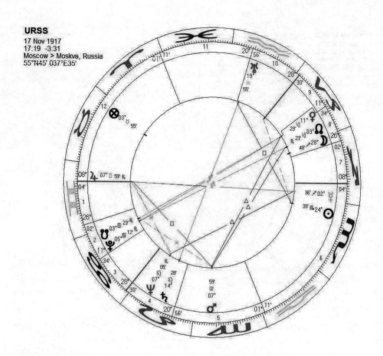

URSS
17 Nov 1917
17:19 -3:31
Moscow > Moskva, Russia
55°N45' 037°E35'

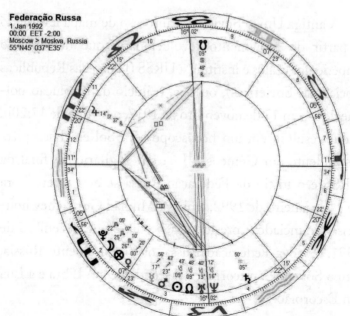

Federação Russa
1 Jan 1992
00:00 EET -2:00
Moscow > Moskva, Russia
55°N45' 037°E35'

O Brasil é um caso claro do nascimento de um país a
partir da sua Declaração de Independência. Os estudiosos
situam esse momento por volta das 16:20h do dia 7 de
setembro de 1822, quando D. Pedro I deu o célebre Grito
do Ipiranga e declarou o país independente de Portugal.
Com o mapa deste momento encontramos um horóscopo
interessante, com um país virginiano, com Ascendente em
Aquário e a Lua em Gêmeos.

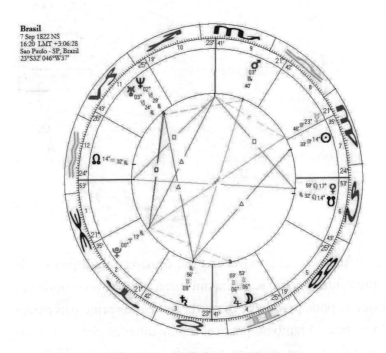

Também os Estados Unidos da América (EUA) têm o seu horóscopo levantado a partir do momento da Declaração de Independência, ocorrida em 4 de julho de 1776 por volta das 17:10h. Um país com o Sol em Câncer, o Ascendente em Sagitário e a Lua em Aquário.

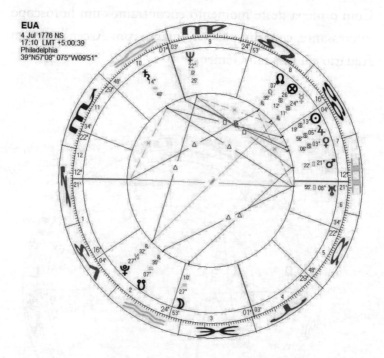

Além de ser possível analisar o mapa de um país ou de uma cidade como se avalia um mapa pessoal, no sentido em que se pode perceber e discorrer sobre suas principais características, é também possível acompanhar os ciclos planetários da mesma maneira, prevendo momentos significativos de toda ordem, sejam eles fáceis ou difíceis.

Todos os textos e previsões feitos para um determinado período de uma nação sempre se baseiam no seu mapa de "nascimento" e na avaliação das progressões, trânsitos e retornos solares que estejam ocorrendo durante o período do estudo.

No fim das contas, esses mapas serão interpretados da mesma forma como se interpretam os mapas individuais, embora o foco seja diferenciado em relação ao significado de certos planetas e casas astrológicas no horóscopo de cidades e nações. De qualquer forma, a aplicação dos ciclos planetários terá uma grande semelhança com o tipo de análise feita quando se avalia um mapa individual. Afinal, uma nação é também uma entidade — embora não no sentido pessoal — que possui características e tendências passíveis de ser estudadas e previstas pelo estudo astrológico.

Como em outros casos de astrologia impessoal, um estudo deste tipo envolve numerosos elementos que deverão ser levados em consideração. No caso do Brasil, a correlação com o mapa da Proclamação da República — sem dúvida, um outro evento importante na sua história — é sempre recomendável. E como a riqueza do estudo astrológico é praticamente interminável, existem muitas pesquisas envolvendo o próprio mapa do descobrimento, onde se encontra uma série de "pistas" astrológicas que se confirmam e se desdobram nos mapas mencionados.

Um outro ponto levado em conta no estudo de ciclos específicos de países é a análise do mapa do seu dirigente máximo, seja ele um presidente, um primeiro-ministro ou um monarca. A comparação e a interação desse horóscopo com o do próprio país costumam acrescentar mais dados enriquecedores à interpretação.

A última, mas talvez a mais abrangente e ao mesmo tempo mais interessante utilização da astrologia mundial, é também a mais impessoal de todas: diz respeito ao estudo do trânsito dos planetas lentos e seus reflexos sobre a humanidade como um todo. Neste caso, estamos falando somente dos três "embaixadores da galáxia", ou seja, Urano, Netuno e Plutão.

Devido ao longo tempo que cada um dos três leva passando pelos signos, existe uma energia constante e contínua que permanece ressoando enquanto o planeta está percorrendo aquela região específica do zodíaco. Como já foi dito, mas não custa relembrar, Urano passa sete anos em cada signo, Netuno, 14, e Plutão, de 15 a 30 anos. Com isso, estes planetas exercem uma sintonia contínua que se reflete em experiências coletivas que alcançam todo o globo terrestre.

Vamos citar aqui um exemplo recente da aplicação da astrologia mundial sob esta visão: Urano é o planeta regente do signo de Aquário e associado ao progresso, à tecnologia, à velocidade e à eletricidade. Seu tempo de translação é de 84 anos. Em fevereiro de 1996, ele retornou ao seu signo, Aquário, onde permaneceu até janeiro de 2004, totalizando quase oito anos de passagem pelo seu domicílio zodiacal.

Foi exatamente durante esse período que a humanidade testemunhou o mais impressionante progresso tecnológico da sua história, com a explosão da informática, da internet, das transmissões via satélite e da telefonia celular, além de outro fenômeno chamado "convergência das mídias": o telefone celular virou, no mínimo, uma máquina fotográfica e uma agenda de compromissos; o computador virou uma televisão e um telefone. Isto para citar apenas algumas convergências que estamos vivenciando.

Podemos, sem sombra de dúvida, afirmar que o mundo é outro depois desse período, pelo menos no que diz respeito à tecnologia e às telecomunicações. Do ponto de vista da astrologia mundial, é mais do que evidente que a passagem de Urano pelo seu próprio signo teve grande impacto no progresso que experimentamos durante o período.

Essa passagem foi particularmente marcante porque resultou na volta do planeta ao seu próprio domicílio zodiacal, mas todos os trânsitos dos planetas lentos pelo zodíaco dão margem a pesquisas e estudos fascinantes da astrologia mundial.

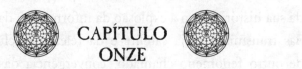

CAPÍTULO ONZE

GRANDES ASTRÓLOGOS DA HISTÓRIA

O mundo já testemunhou a existência de inúmeras figuras históricas que, ou eram profissionais declarados da astrologia, ou a utilizavam como ferramenta em suas atividades. Entre elas encontramos, inclusive, soberanos que viveram antes da Era Comum, além de algumas outras personalidades da nobreza de tempos mais recentes. Vamos listar algumas dessas principais figuras, em uma sequência cronológica.

RAMSÉS II

Um dos mais lendários faraós do Antigo Egito, intitulado o Grande, foi o terceiro da XIX dinastia egípcia, no século 13 a.C. Reinou entre 1279 e 1213. Intelectual erudito, era fascinado pelo conhecimento astrológico e foi o fundador da maior e mais famosa das primitivas bibliotecas egípcias. Durante o seu reinado e de acordo com as suas instruções baseadas na astrologia foi construído o templo de Abu-Simbel, escavado na rocha. A grande sala do templo de Amon em Karnak, também edificada por Ramsés II, foi outra obra que teve a sua construção baseada em cálculos astrológicos.

Assurbanípal

Foi por causa de Assurbanípal, rei da Assíria entre os anos 668 e 627, que conhecemos as primeiras comprovações da herança astrológica da região da Mesopotâmia. Sua importância para a astrologia deve-se ao seu grande interesse pelo estudo do céu, pela mitologia, pela história e pelas ciências naturais, assim como pelo fato de ter fundado uma gigantesca biblioteca em Nínive, formada por pequenas tábuas cuneiformes que, séculos mais tarde, foram descobertas por arqueólogos e confirmaram a hipótese do envolvimento dessa região do planeta com o conhecimento astrológico.

Os astrólogos do rei assírio eram extremamente respeitados pelo povo e utilizavam a biblioteca para pesquisar e aprofundar seus estudos. Com isso, criou-se uma rotina de estudos diários dos movimentos celestes, que resultou em um sistema de informações pelo qual Assurbanípal recebia periodicamente atualizações a respeito do que se passava no céu e o resultado da interpretação que seus astrólogos faziam. Alguns chegam a especular que o longo reinado se deveu à rotina de consulta constante das posições astrológicas. Após sua morte, Nínive foi tomada pelos caldeus, e a lendária biblioteca, destruída, restando dela as tábuas de argila.

HIPARCO DE NICEIA

Nascido no ano 190 e falecido em 120, foi um astrônomo, construtor, cartógrafo e matemático grego da escola de Alexandria, no século 2 a.C. Nascido em Niceia, hoje Iznik, na atual Turquia, viveu em Alexandria e se tornou um dos grandes representantes da Escola Alexandrina, principalmente do ponto de vista da sua contribuição para a mecânica e a astronomia. Trabalhou sobretudo em Rodes (161-126) e é considerado também o pai da trigonometria.

A Hiparco é atribuída a descoberta do fenômeno da precessão dos equinócios; portanto, toda a conceituação das grandes eras astrológicas nasceu a partir das suas pesquisas e cálculos. Foi ele também quem definiu a divisão sexagesimal do círculo, e com isso traçou a grade de meridianos e paralelos terrestres utilizada até hoje.

Hiparco criou o primeiro astrolábio, instrumento usado para medir a distância angular de qualquer astro em relação ao horizonte (150 a.C.). De acordo com historiadores, até o final da vida dedicou-se ao estudo da Lua e elaborou a previsão de eclipses, por 600 anos.

Cláudio Ptolomeu

O sábio grego é considerado o mais importante astrólogo, astrônomo e geógrafo da antiguidade. Também radicado em Alexandria, publicou numerosos tratados sobre astronomia, astrologia, geometria, trigonometria, óptica, geografia e música. A sua obra mais conhecida é o *Almagesto*. Nela Ptolomeu apresenta um sistema cosmológico geocêntrico.

Teve a sorte de dispor da lendária Biblioteca de Alexandria, e especula-se que viveu durante os reinados dos imperadores romanos Adriano e Antonino Pio. Sua data de nascimento é incerta, mas pesquisas indicam que teria sido por volta do ano 70 da Era Comum.

   É autor de um dos mais famosos tratados de astrologia, o *Tetrabiblos*, considerado referência ainda nos dias de hoje. O fato de ter podido frequentar a Biblioteca de Alexandria permitiu-lhe acesso à farta documentação astrológica de culturas anteriores ao seu tempo, como a babilônica, a egípcia e a grega. A partir das suas observações do céu, chegou a catalogar milhares de estrelas. Sua contribuição para o conhecimento e desenvolvimento da astrologia é considerada uma das maiores de todos os tempos.

MARCUS MANILIUS

"Começamos a morrer no momento em que nascemos, e o fim é o desfecho do início."

Manilius foi um poeta e astrólogo romano do século 1. Sua vida e origem são obscuras e controversas. Alguns o consideravam romano, outros, grego; houve até quem o considerasse africano. É conhecido principalmente por ser autor de um poema dividido em cinco livros, chamado *Astronomicon*, ou *Astronomica*, vasto tratado sobre astrologia. Foi um dos primeiros — ou possivelmente o primeiro — a considerar o sistema das casas astrológicas, que ele chamava de *templa*. Sua fluência em latim, associada ao conhecimento de autores latinos como Virgílio, Tito Lívio e Cícero, leva a crer que teria sido romano.

Afonso X de Leão e Castela, o Sábio ("O Rei Astrólogo")

Afonso X, o Sábio, rei de Leão e Castela, nascido em 1221 e falecido em 1284, além de grande erudito e poeta, foi mais um dos nobres que se dedicaram ao estudo da astrologia, sustentando toda uma escola de astrólogos consagrada à pesquisa e à investigação. Foi um grande incentivador da cultura em geral e o responsável pela instalação do Observatório Astronômico de Toledo, na Espanha.

Escreveu também trabalhos sobre a relação entre pedras preciosas e conhecimento astrológico. Sua obra mais conhecida neste campo são as famosas "Tábuas Afonsinas", um conjunto de efemérides planetárias onde listava a posição dos planetas no zodíaco. Sua influência e herança cultural foram tão marcantes que uma cratera da Lua acabou por receber o seu nome, *Alfonsus*.

REGIOMONTANUS

O astrólogo papal, mais conhecido como Regiomontanus, foi batizado Johannes Müller von Königsberg. Nasceu em 1436 e faleceu em 1476. Em 1462, mudou-se para a Itália, em busca dos manuscritos de Ptolomeu. No ano de 1471, retornou à Alemanha e instalou-se em Nuremberg, onde construiu ele mesmo os instrumentos que equipariam o primeiro observatório astronômico europeu. Não satisfeito, criou também uma gráfica, com o objetivo de estimular a ciência e a literatura. Foi nesta mesma oficina que imprimiu a maior parte das suas obras, entre as quais as efemérides planetárias válidas para 30 anos a partir de 1474, quando foram publicadas.

Sua maior contribuição para a astrologia foi o sistema de divisão das casas astrológicas, que continua sendo utilizado por muitos astrólogos até hoje. Retornou a Roma a convite do Papa Sixto IV para colaborar na reforma do calendário e prestar assessoria astrológica ao pontífice. Ali mesmo faleceu durante uma praga, embora alguns considerem a possibilidade de ele ter sido envenenado, já que assumia posições corajosas nos embates entre as numerosas correntes eclesiásticas da época.

Copérnico

Nicolau Copérnico nasceu na Polônia em 1473 e faleceu em 1543. Iniciou os estudos na Universidade de Cracóvia, mas, durante dez anos, continuou sua formação na Itália, onde foi contemporâneo de Leonardo da Vinci. Durante o período em que morou na península italiana, formou-se em astronomia, matemática, direito, medicina e grego.

Foi o responsável pela maior revolução da astronomia, ao afirmar que o Sol não girava em torno da Terra, e sim a Terra é que girava ao redor dele. Essa teoria era tão revolucionária que ele mesmo não teve coragem de publicá-la em vida. Seu tratado *De revolutionibus orbium cœlestium*, no qual explica a teoria, foi publicado logo depois da sua morte, em 1543. A obra é dedicada ao jovem colega, Rheticus, ao papa Paulo III, protetor da astrologia, e ao astrólogo seu contemporâneo Schoner, que supervisionou toda a sua elaboração. Schoner foi também autor de uma extensa introdução ao tratado, que contém uma longa dissertação astrológica, onde propõe as teorias de Copérnico.

A teoria proposta por Copérnico era tão revolucionária que foram necessários quase dois séculos para que enfim começasse a ser aceita pela comunidade científica.

PARACELSO

Esse era o pseudônimo de Phillippus Aureolus Theophrastus Bombastus von Hohenheim. Nasceu em Einsiedeln, pequena aldeia perto de Zurique, em 1490, e morreu em Salzburgo, em 1541. Pode-se dizer que era, antes de tudo, um alquimista.

Conviveu com monges do mosteiro de Santo André, na região da Savoia, que aprofundaram seus estudos e conhecimento dos processos alquímicos. Foi educado na Áustria, onde se formou em medicina na cidade de Viena.

A sólida formação filosófica e a dedicação à medicina fizeram com que viajasse constantemente por vários países da Europa, buscando contato e intercâmbio com colegas da época. Sabe-se que esteve na Hungria e Polônia fazendo contato com alquimistas locais. Sua formação multidisciplinar acabou afastando-o dos médicos mais ortodoxos, que o viam como bruxo ou mago. Seu pensamento livre o fazia questionar até os métodos de ensino do seu tempo e, apesar de a astrologia ser utilizada como ferramenta pela maioria dos médicos da época, todos o olhavam com alguma estranheza.

Devido ao seu interesse por alquimia e medicina, Paracelso é considerado um dos fundadores da química médica. E, independentemente do fato de não trabalhar com consultas astrológicas, o conhecimento das estrelas sempre foi uma das principais bases da sua atuação como curador. Sempre interessou-se pela relação entre o ser humano, os planetas e o zodíaco.

Nostradamus

Michel de Nostredame, talvez o mais famoso de todos os astrólogos, era também médico e filósofo. Nasceu em Saint--Rémy-de-Provence, em 1503, e completou os estudos em Avignon e Montpellier. Suas famosas profecias são estudadas até hoje por todos que se interessam por astrologia. Descendente de judeus, era filho e neto de médicos. O avô, Jean de Saint-Rémy, o maior responsável por sua educação, era também astrólogo da corte do rei René d'Anjou, o "Rei Bom".

Sua fama como curador começou a crescer quando se dedicou a tratar e curar muitos doentes assolados por uma epidemia de peste negra. Por ironia do destino, acabou perdendo a mulher e os filhos para a doença. Morava em Agen nessa época, mas deixou a cidade depois da tragédia. Após um período obscuro, onde se especula que teria aperfeiçoado os conhecimentos de astrologia e o dom da vidência com a ajuda de monges beneditinos, estabeleceu-se em Salon, onde começou a publicar suas famosas Centúrias.

Foram exatamente as Centúrias, quadras organizadas em grupos de 100 poemas, que consolidaram sua fama como astrólogo e vidente. A publicação anual do seu almanaque lhe trouxe enorme fama, e fez com que fosse requisitado com frequência por reis e príncipes europeus, e permanentemente protegido pela rainha Catarina de Médici. Diz-se, inclusive, que a morte do marido de Catarina, o rei Henrique II, foi prevista em uma das quadras do grande astrólogo.

JOHN DEE

Nascido em Londres, em 1527, e falecido em 1608, foi matemático, astrônomo, astrólogo, geógrafo e conselheiro particular da rainha Elizabeth I da Inglaterra. Dedicou-se também, durante grande parte da sua vida, ao estudo da alquimia e do hermetismo. Com isso, conseguiu alcançar um equilíbrio pertinente entre a ciência e o mundo mágico. Era extremamente respeitado pela sua erudição e preparo intelectual. Durante a adolescência e a juventude, viajou pela Europa, aprendendo com luminares do seu tempo, como o grande geógrafo Gerardus Mercator. Era apaixonado por matemática, astronomia, e perito em navegação. Muitos responsáveis pelas viagens marítimas do Império inglês foram orientados por ele.

Era profundamente interessado por filosofia hermética e magia. No último período da vida, dedicou-se de forma mais exclusiva a estas áreas do conhecimento, enveredando por um caminho bastante radical nas pesquisas do sobrenatural. Tentou estabelecer contato com seres espirituais — que alegava serem anjos —, utilizando uma bola de cristal, e viajou por toda a Europa ministrando palestras sobre o tema. Isto acabou abalando o seu prestígio no campo científico e junto à nobreza da época. Morreu pobre e esquecido.

MORIN DE VILLEFRANCHE

Nascido em 1583 e falecido em 1656, Jean-Baptiste Morin de Villefranche era astrólogo, médico, matemático e filósofo, e foi o último Astrólogo Real da França, antes que a astrologia fosse banida pela Igreja Católica. Primeiramente formou-se em filosofia e medicina, tendo atuado como conselheiro de várias figuras da nobreza e do mundo eclesiástico.

Nos tempos de prestígio que a astrologia experimentou com o catolicismo, Morin foi o astrólogo favorito do cardeal Richelieu. Após a morte de Richelieu em 1642, seu sucessor, o cardeal Mazarin, concedeu, em 1645, uma pensão de 2.000 libras francesas a Morin pelo seu trabalho no estudo das longitudes; porém, em 1666, o ministro Colbert, da corte de Luiz XIV, baniu a astrologia das universidades.

Sua publicação mais famosa foi *Astrologia Gallica*, que acabou sendo apreendida pela Igreja. Elaborou também um conjunto de regras para a boa interpretação de mapas astrológicos conhecido como "As 112 Regras de Morin de Villefranche". Seu sistema de divisão de casas continua sendo utilizado até os dias de hoje.

PLACIDUS

Placidus de Titis, monge católico, foi astrólogo e matemático italiano. Ordenado monge por volta de 1624, em 1657 foi nomeado professor de matemática na Universidade de Milão. Serviu como astrólogo a vários líderes políticos, incluindo o arquiduque da Áustria, Leopoldo Guilherme de Habsburgo.

Em seus estudos, concentrou-se em esmiuçar o *Tetrabiblos*, de Ptolomeu, e acreditava que o genial cientista tinha perdido a chave para o método verdadeiro de divisão das casas astrológicas baseado na rotação da Terra. Tais descobertas foram publicadas em dois volumes entre 1650-1657. E assim, seu método de divisão de casas é um dos mais utilizados ainda nos dias de hoje.

FLAMSTEED

Primeiro Astrônomo Real da Inglaterra, nascido em 1646, Flamsteed tinha conhecimentos profundos de astrologia e montou minuciosamente o mapa astrológico para escolher o dia de abertura do Observatório de Greenwich em 1675, onde está situado o meridiano zero, a partir do qual todos os graus de longitude são contados. O destaque deste ato foi que a astrologia vivia a sua maior decadência e era vista com grande ceticismo, mas um astrônomo respeitado, inaugurando o grande Observatório de Greenwich com base em um mapa astral, foi uma catapulta para a sua ascensão. Flamsteed faleceu em 1719.

O catálogo que ele deixou, *Historia Cœlestis Britannica*, e que reconhecia como seu, foi publicado postumamente em 1725. Continha 3.000 estrelas, em maior quantidade e com melhor exatidão do que em qualquer outro trabalho já publicado. Algumas estrelas ainda são conhecidas pelos seus números no sistema de Flamsteed.

ALAN LEO

O nome verdadeiro do considerado pai da astrologia moderna é William Frederick Allan. Britânico, nascido em 1860, editou a revista *The Astrologer's Magazine*, mais tarde conhecida como *Modern Astrology*. Fundou a Loja Astrológica da Sociedade Teosófica em Londres, que existe até hoje. Escreveu cerca de 30 livros de astrologia (destaque para *Astrologia esotérica*), e ficou famoso pela maneira de enfocar a psicologia do consulente por meio do seu mapa de nascimento.

Sempre questionador da grande quantidade de variáveis na astrologia, foi o responsável por estudar seus pontos comuns e simplificá-la.

Já no fim da vida, em 1909, viajou com a esposa para a Índia, onde estudou astrologia hindu por um breve período. Retornou dois anos depois, em 1911, para uma segunda vez. Como resultado dos seus estudos pelo país asiático, mais tarde tentou incorporar partes da astrologia hindu no modelo ocidental astrológico que havia criado. Faleceu em 1917.

EVANGELINE SMITH ADAMS

Foi a astróloga mais importante e bem-sucedida dos EUA. Nascida em 1868, trabalhava em Nova York como consultora de negócios, mas ganhou notoriedade quando foi acusada de adivinha, e no tribunal deram-lhe um mapa para interpretar durante o julgamento. Após a análise desse mapa, que era do filho do juiz, este anunciou que tudo havia sido interpretado de forma correta e que, na opinião dele, Evangeline havia elevado a astrologia ao nível de uma ciência exata. Escreveu os livros *Astrology: Your Place in the Sun* (1927), *Astrology: Your Place Among the Stars* (1930), e a autobiografia, *The Bowl of Heaven* (1926). Faleceu em 1932.

DANE RUDHYAR

Foi o grande inovador e pensador da astrologia do século 20. Astrólogo, compositor, filósofo, artista plástico, escritor, nasceu na França, mas migrou para os Estados Unidos nos anos 1930, onde escreveu a maior parte da sua vasta obra astrológica, com dezenas de títulos publicados.

Estabeleceu-se na Califórnia e continuou a atuar no meio musical de vanguarda, compondo obras ousadas e sempre com sólida base espiritualista. Tinha relações próximas com Annie Besant, uma das fundadoras da Sociedade Teosófica, da qual também fez parte. Sua obra filosófica e astrológica é referência fundamental para todos que queiram conhecer a arte dos céus.

EPÍLOGO:
A VELHA SENHORA

Existe uma, digamos, brincadeira entre os astrólogos, na qual costumamos chamar a astrologia de "A Velha Senhora". É uma maneira ao mesmo tempo respeitosa e divertida de nos referirmos a esse conhecimento fascinante, que vem atravessando séculos e mais séculos de transformações culturais, políticas e de comportamento, e permanece sendo uma referência fundamental para o nosso autoconhecimento e a nossa interação com o universo que nos rodeia.

Apesar de toda a sua longevidade e da permanente irritação dos eternos descrentes, "A Velha Senhora" continua atuante e atualizada, e vem tendo a sua aceitação ampliada até em círculos antes resistentes a este saber. Mesmo com todas as críticas — e não são poucas — que se fazem à astrologia, ela se mostra sempre atual e renovada.

Há os que pretendem que seja uma ciência no sentido atual que a palavra possui. Não acredito que seja possível enquadrá-la nos procedimentos do método científico que a ciência contemporânea possui para aceitar que um postulado e uma experiência sejam considerados científicos. Mas, no sentido amplo da palavra ciência, visto que significa um corpo de conhecimentos estruturado e coerente, a astrologia é uma ciência. É um saber.

Das tentativas de provar o seu funcionamento por meio de teorias científicas, a melhor síntese ainda é o livro mencionado anteriormente, *Astrologia: a evidência científica*, de Percy Seymour.

O estudo aprofundado e criterioso que Carl Gustav Jung fez da astrologia foi um passo recente para reabilitá-la em determinados círculos acadêmicos mais voltados para a área das ciências humanas. Jung fazia questão de incluir a cadeira de astrologia como matéria eletiva no currículo de seu curso de psicologia analítica no Instituto C. G. Jung, e dizia para quem quisesse ouvir que todo psicólogo que pretendesse ser bom na sua atividade deveria estudar astrologia, que ele considerava "a psicologia da antiguidade".

A melhor maneira de se acreditar na astrologia é ter a coragem e a abertura para se submeter a uma consulta com um bom profissional (como sempre, é fundamental que se procurem referências, indicações e maiores informações), e constatar com os próprios olhos e ouvidos o quão preciso e específico pode ser um astrólogo na descrição das características comportamentais de alguém que ele está conhecendo pela primeira vez, e também de explicar com clareza os ciclos planetários por que passou ao longo da sua existência. Por meio do estudo dos trânsitos, progressões e retornos planetários conseguimos compreender melhor a fase de vida em que estamos em determinado momento, e também aprendemos como extrair o melhor de cada etapa, mesmo daquelas consideradas espinhosas.

Como vimos no capítulo dedicado aos grandes astrólogos da história, o mundo conviveu, em todas as épocas do desenvolvimento do nosso planeta, com personagens fascinantes que se dedicaram ao estudo do simbolismo celeste, e dele extraíram conhecimentos e aplicações as mais diversas, seja no campo da astronomia, da medicina, da psicologia, da arquitetura e de inúmeras outras áreas do saber.

O brilhante e saudoso psicanalista Eduardo Mascarenhas, prematuramente falecido, deu certa vez um depoimento público sobre a astrologia em uma entrevista a um canal de televisão, onde declarou que ele próprio levaria de um a dois anos de tratamento psicanalítico com um paciente até conseguir amealhar a quantidade de informações que um astrólogo demonstrou ter extraído do seu mapa astral na primeira vez em que ele esteve em uma consulta astrológica.

A ferramenta astrológica se mostra útil e eficiente em qualquer campo onde nos dispusermos a colocá-la em funcionamento, e sempre terá orientações a nos fornecer para que possamos tornar a nossa existência mais agradável e frutífera, e dar mais sentido à nossa vida, seja ajudando a termos um melhor entendimento das nossas potencialidades e fragilidades, seja iluminando uma fase difícil que estejamos passando, ou nos estimulando à ação e ao crescimento interno e externo em um momento astrologicamente empolgante de brilho e realização pessoal.

BIBLIOGRAFIA

Arroyo, Stephen. *Astrologia, psicologia e os quatro elementos*: *uma abordagem astrológica ao nível de energia e seu uso nas artes de aconselhar e orientar*. Editora Pensamento, São Paulo, 2013.

_____. *Astrologia, karma e transformação*. Editora Europa- -América, Rio de Janeiro, 1978.

Castro, Maria Eugênia de. *Astrologia e as dimensões do ser*. Editora Campus, Rio de Janeiro, 2001.

_____. *Astrologia: uma novidade de 6.000 anos*. Editora Nova Fronteira, Rio de Janeiro, 2007.

Costet de Mascheville, Emma. *Luz e sombra: elementos básicos de astrologia*. Editora Teosófica, Brasília, 1997.

Cunningham, Donna. *A lua na sua vida: o poder mágico e as influências sobre as mulheres*. Editora Nova Era, Rio de Janeiro, 1999.

Greene, Liz. *Os planetas exteriores e seus ciclos*. Editora Pensamento, São Paulo, 1983.

_____. *Astrologia do destino*. Editora Cultrix, São Paulo, 1997.

_____. *Saturno*. Editora Pensamento, São Paulo, 2011.

Lisboa, Claudia. *Os astros sempre nos acompanham: um manual de astrologia contemporânea*. Editora Best Seller, Rio de Janeiro, 2014.

_____. *A luz e a sombra dos doze signos: histórias e interpretações que ajudam a compreender a força dos astros*. Editora Principium, São Paulo, 2018.

Rudhyar, Dane. *Uma mandala astrológica*. Editora Pensamento, São Paulo, 2002.

_____. *Tríptico astrológico*. Editora Pensamento, São Paulo, 1994.

_____. *Astrologia da personalidade*. Editora Pensamento, São Paulo, 1995.

_____. *O ritmo do zodíaco: o pulsar da vida*. Editora Alhambra, Rio de Janeiro, 1985.

_____. *A astrologia da transformação*. Editora Pensamento, São Paulo, 1980.

Sakoian, Frances & Acker, Louis S. *The Astrology of Human Relationships*. Harper & Row, Nova York, 1976.

Sargent, Lois Haines. *How to Handle Your Human Relations*. American Federation of Astrologers, Arizona, 1995.

Seymour, Percy. *Astrologia: a evidência científica*. Editora Nova Era, Rio de Janeiro, 1997

Vilhena, Luiz Rodolfo. *O mundo da astrologia: um estudo antropológico*. Editora Zahar, Rio de Janeiro, 1990.

AUTORES SUGERIDOS

Como são muito numerosos os livros já publicados sobre astrologia, vamos sugerir abaixo os principais autores, tanto nacionais quanto estrangeiros, e alguns de seus livros. Pelas eventuais omissões, inevitáveis, peço perdão.

Nesta lista existem autores que fazem uma astrologia mais leiga e popular, e outros que escrevem para estudantes, estudiosos e profissionais. Dentro de suas áreas de especialidade, todos são recomendáveis:

Adonis Saliba — *Astrologia horária.*

Alan Leo — *Astrologia esotérica; Júpiter: o senhor do futuro; Saturno: o construtor de universos; Marte e o senhor das guerras.*

Alan Oken — *A astrologia e os sete raios; Horóscopo: sua viagem astrológica; Astrologia: o cosmo e você; Astrologia: evolução e revolução.*

Alexander Ruperti — *Ciclos de evolução; A roda da experiência individual.*

Alexandre Volguine — *A técnica das revoluções solares; Astrologia lunar.*

André Barbault — *O grande livro do horóscopo; Astrologia mundial; Tratado prático de astrologia.*

Anna Maria C. Ribeiro — *Conhecimento da astrologia; Sinastria; Conhecimento do futuro; Astrologia, alcoolismo e drogas; Possibilidades terapêuticas da astrologia.*

Anne Barbault — *Introdução à astrologia.*

Antonio Carlos "Bola" Harres — www.alobola.com.br.

A. T. Mann — *The Future of Astrology; Astrology and Reincarnation.*

Betty Lundsted — *Trânsitos: os períodos importantes de sua vida; Ciclos planetários; Compreensão astrológica da personalidade.*

Carlos Hollanda — *Progressão lunar e kabbalah.*

Celisa Beranger — *A parte da fortuna no mapa natal e nas técnicas de previsão; Revelações.*

Charles E. O. Carter — *Enciclopédia de astrologia psicológica; Os aspectos astrológicos.*

Charles Harvey — *Signo solar, signo lunar.*

Christina Bastos Tigre — *Astrologia e profissão; Seu signo, sua casa; Curso de astrologia; Astrologia vocacional: conheça melhor suas vocações.*

Claudia Lisboa — *A luz e a sombra dos doze signos; Os astros sempre nos acompanham.*

Dane Rudhyar — *A astrologia da transformação; O ciclo da lunação; As casas astrológicas.*

Deborah Worthington — *Jung na contemporaneidade: a astrologia no suporte ao processo terapêutico.*

Donna Cunninhgam — *Guia do astrólogo iniciante; Astrologia e cura através das vibrações; Plutão no seu mapa* astrológico; *A Lua na sua vida; Astrologia e desenvolvimento espiritual.*

Donna Van Toen — *Os nodos lunares na astrologia; O livro de Marte.*

Elisabeth Licata — *Descobrindo a astrologia: o manual do estudante; Astrologia cármico-holística.*

Elizabeth Teissier — *O significado da astrologia.*

Frances Sakoian — *O manual do astrólogo.*

Getulio Bittencourt — *À luz do céu profundo: astrologia e política no Brasil.*

Grant Lewi — *Manual prático de interpretação astrológica.*

Hadès — *Os mistérios do zodíaco.*

Haydn Paul — *A rainha da noite: explorando a Lua astrológica; Fênix ascendente: explorando o Plutão astrológico; Espírito revolucionário: explorando o Urano astrológico.*

Howard Sasportas — *As doze casas; Os deuses da mudança: uma nova abordagem da astrologia.*

Huguette Hirsig — *O sexo, os astros e nós.*

Isabel M. Hickey — *Astrology: A Cosmic Science.*

James R. Lewis — *Enciclopédia de astrologia.*

João Acuio — *Céu em transe.*

Joseph Polanski — *Your Personal Horoscope 2019.*

Judy Hall — *A Bíblia da astrologia.*

Kathleen Burt — *Arquétipos do zodíaco.*

Landis Knight Green — *Manual do astrólogo: uma introdução à astrologia para a era de Aquário.*

Leyla Rael — *Astrological Aspects.*

Linda Goodman — *Os astros comandam o amor; Seu futuro astrológico; Signos estelares; Os astros e os relacionamentos.*

Liz Greene — *Os astros e o amor; Saturno; Os planetas exteriores e seus ciclos.*

Lois Haines Sargent — *Astrologia e relacionamento humano.*

Louis S. Acker — *Transits of the Moon; Transits of Uranus.*

Lynne Burmyn — *Sun Signs for Kids; Planets in Combination.*

Marcelo Baglione — *Emissários da nova era.*

Marcello Borges — *Avatares e a nova era: estudo astrológico.*

Márcia Mattos — *O livro da Lua; O que os astros dizem sobre seu filho; Vênus e Marte: a química do amor; O amor está nos astros; O livro das atitudes astrologicamente corretas.*

Marcia Moore — *Astrology: the Divine Science.*

Maria Eugênia de Castro — *Astrologia: uma novidade de 6.000 anos; Astrologia e as dimensões do ser; O livro dos signos; Astrologia e budismo: conversa entre dois saberes milenares; Astros e sua personalidade.*

Maritha Pottenger — *Astrologia e vidas passadas; Astro Essencials: Planets in Signs, Houses and Aspects; Your Love Life: Venus in Your Chart; Past Life, Future Choices; Juno: Key to Marriage, Intimacy and Partnership.*

Martin Schulman — *Os nódulos lunares: astrologia cármica I; Planetas retrógrados: astrologia cármica II; Roda da fortuna: astrologia cármica III; O carma do agora: astrologia cármica IV; O ascendente: sua porta cármica.*

Maurício Bernis — *O Brasil astrológico; Astrologia vocacional; Caminho da realização com a agricultura celeste.*

Michel Gauquelin — *La verité sur l'astrologie; Les horloges cosmiques; Les personnalités planétaires; L'hérédité planétaire.*

Myrna Lofthus — *A Spiritual Approach to Astrology.*

Neil Sommerville — *Your Chinese Horoscope for Each and Every Year; The Chinese Horoscope Guide to Relationships: Love and Marriage, Friendship and Business.*

Nezilda Passos — *Equilibrando sua energia através da astrologia; A luz brilhante do Sol; Gêmeos e os diferentes geminianos; Trânsitos astrológicos: um caminho para o autoconhecimento.*

Nicholas Devore — *Enciclopédia astrológica.*

Nicholas Campion — *Em que acreditam os astrólogos?; The Practical Astrologer; The Ultimate Astrologer.*

Noel Tyl — *Previsão para um novo milênio; Astrologia e ambiente; The Creative Astrologer.*

Paulo Duboc — *Dimensões metafísicas da astrologia; Astrologia dinâmica: ângulos e aspectos.*

Peter Marshall — *A astrologia no mundo: uma visão histórica para entender melhor a personalidade humana.*

Ricardo Lindemann — *A ciência da astrologia e as escolas de mistérios.*

Robert Hand — *Planets in Youth; Horoscope Symbols.*

Robert Pelletier — *Planets in Aspect; Planets in Houses; The Cosmic Informer.*

Ronald Davison — *Sinastria; Cycles of Destiny: Understanding Return Charts.*

Stephen Arroyo — *Normas práticas para a interpretação do mapa astral; Astrologia, karma e transformação; Astrologia: prática e profissão.*

Steven Forrest — *The Inner Sky; The Changing Sky: A Practical Guide; The Night Speaks: A Meditation on the Astrological Worldview.*

Theodora Lau — *Manual do horóscopo chinês; Astrologia chinesa e os relacionamentos; Os filhos da Lua.*

Therezinha Gouveia — *Astrologia pela criança: um guia para pais e professores.*

Tracy Marks — *A astrologia da autodescoberta; Planetary Aspects: From Conflit to Cooperation.*

Valdenir Benedetti — *Manual da astrologia essencial; Interpretação do horóscopo: técnicas e estilos; Astrologia para um novo ser (org.).*

Vanessa Tuleski — *Signos astrológicos: as doze etapas para a autorrealização.*

SITES, PROGRAMAS E APLICATIVOS — ASTROLOGIA ON-LINE

Órgãos de Classe:
Sinarj — Sindicato dos Astrólogos do Rio de Janeiro
www.sinarj.com.br

CNA — Central Nacional de Astrologia
www.cnastrologia.org.br

Sites de Consulta e Informação:
Constelar: a mais completa revista de astrologia on-line brasileira, editada pelo jornalista e astrólogo Fernando Fernandse, que conta com a colaboração dos melhores nomes da astrologia brasileira e sul-americana.
www.constelar.com.br

Gaia — Escola de Astrologia: uma das mais dinâmicas escolas de astrologia de São Paulo, com uma programação intensa e diversificada.
www.gaiaescoladeastrologia.com.br

Personare: site de previsões e análises, com conteúdo fornecido pelo astrólogo Alexey Dodsworth. Inicialmente funcionando apenas com astrologia, atualmente é um site voltado ao autoconhecimento e abrange consultas a vários tipos de oráculos, entre os quais runas, tarô, numerologia. Conta com a colaboração de especialistas nestas diversas áreas do saber.
www.personare.com.br

AstroDienst: o melhor conteúdo de astrologia no mundo, com textos de Robert Hand e Liz Greene, entre diversos grandes autores, além de um Atlas Mundial de cidades e muitos outros serviços.
www.astro.com ou www.astro.ch

AstroVed: site de astrologia védica (hindu), com informações e serviços on-line sobre uma das mais antigas tradições astrológicas do mundo.
www.astroved.com

The Mountain Astrologer: site de uma das mais completas e tradicionais revistas de astrologia do mundo.
www.mountainastrologer.com

Pegasus Photon SE — Pegasus Photon SE é um software profissional de astrologia produzido no Brasil, com dezenas de opções voltadas para atender profissionais e/ou estudantes, com cálculos precisos, rigorosamente de acordo com a tradição astrológica. Suas opções abrangem astrologia individual, mundial e empresarial. Também estão disponíveis centenas de possibilidades de configuração técnica, além de um editor de mandalas. Mais informações sobre o Pegasus (incluindo download, instalação e registro) podem ser encontradas em:

http://pegasusphoton.com.br

Solar Fire — o mais conhecido e mais utilizado programa de astrologia profissional. Lançado em 1992, vem sendo aperfeiçoado constantemente, estando na versão 9.0 (2019).

https://alabe.com/solarfireV9.html

Astro Gold — inicialmente lançado como app para os aparelhos da Apple (iPhone, iPad) e que acabou se desenvolvendo como software para usuários de Mac. Encontrado também na Apple Store.

http://www.astrogold.io/get-astro-gold/

A HISTÓRIA DO
MUNDO
PARA QUEM TEM PRESSA
MAIS DE 5 MIL ANOS DE HISTÓRIA
RESUMIDOS EM 200 PÁGINAS!

A HISTÓRIA DO
BRASIL
PARA QUEM TEM PRESSA
DOS BASTIDORES DO DESCOBRIMENTO
À CRISE DE 2015 EM 200 PÁGINAS!

A HISTÓRIA DA
MITOLOGIA
PARA QUEM TEM PRESSA
DO OLHO DE HÓRUS AO MINOTAURO EM APENAS 200 PÁGINAS!

A HISTÓRIA DA
CIÊNCIA
PARA QUEM TEM PRESSA
DE GALILEU A STEPHEN HAWKING EM APENAS 200 PÁGINAS!

A HISTÓRIA DO
SÉCULO 20
PARA QUEM TEM PRESSA

TUDO SOBRE OS 100 ANOS QUE MUDARAM
A HUMANIDADE EM 200 PÁGINAS!

A história do
CINEMA
para quem tem pressa

DOS IRMÃOS LUMIÈRE AO SÉCULO 21
EM 200 PÁGINAS!

A HISTÓRIA DO
UNIVERSO
PARA QUEM TEM PRESSA

DO BIG BANG ÀS MAIS RECENTES DESCOBERTAS
DA ASTRONOMIA!

A HISTÓRIA DA
ASTROLOGIA
PARA QUEM TEM PRESSA

DAS TABÚAS DE ARGILA HÁ 4.000 ANOS
AOS APPS EM 200 PÁGINAS!

A HISTÓRIA DO
FUTEBOL
PARA QUEM TEM PRESSA

DO APITO INICIAL AO GRITO DE CAMPEÃO EM 200 PÁGINAS!

Papel: Offset 75g
Tipo: Adobe Caslon
www.editoravalentina.com.br